中国结图鉴

含章新实用编辑部　编著

江苏凤凰科学技术出版社 · 南京

图书在版编目（CIP）数据

中国结图鉴 / 含章新实用编辑部编著. -- 南京：
江苏凤凰科学技术出版社, 2024.11. -- ISBN 978-7
-5713-4704-8

Ⅰ. TS935.5-64

中国国家版本馆CIP数据核字第2024T0Z446号

中国结图鉴

编　　　著	含章新实用编辑部	
责 任 编 辑	倪　敏	
责 任 设 计	蒋佳佳	
责 任 校 对	仲　敏	
责 任 监 制	方　晨	

出 版 发 行	江苏凤凰科学技术出版社
出版社地址	南京市湖南路 1 号 A 楼，邮编：210009
出版社网址	http://www.pspress.cn
印　　　刷	天津丰富彩艺印刷有限公司

开　　　本	880 mm×1 230 mm　1/32
印　　　张	9.5
字　　　数	320 000
版　　　次	2024年11月第1版
印　　　次	2024年11月第1次印刷

标 准 书 号	ISBN 978-7-5713-4704-8
定　　　价	49.80元

图书如有印装质量问题，可随时向我社印务部调换。

前言

　　中国结，是中国悠久历史文化的沉积，是中国传统民俗与审美观念的充分交融，有着丰富多彩的造型和美好的寓意。

　　经过数千年的发展，中国结的制作由简单的结绳技法，发展到今天的结、绕、穿、挑、压、缠、编、抽等多种工艺技法，成为老百姓喜闻乐见、国际友人大加赞赏的民间"绝活"。中国结也成为人们家居装饰、随身携带的心爱之物，甚至成为一张具有代表性、透着民族风、传遍世界各个角落的国家名片。

　　当一个别致、大方的中国结呈现在眼前时，人们总是惊羡它精巧的设计与细密的纹路，却不知它的制作过程其实并不复杂。一些简单的材料，如几根线绳、几颗讨人喜欢的坠珠，集合在一起，就足以做出一个漂亮的中国结。

　　为了将这门技艺更好地传承和发扬光大，我们满怀热情与敬意，用心编写了这本《中国结图鉴》。在这本书中，我们对大量不同样式、不同功能的中国结进行了细致的分类、甄选，并通过图文对照的形式将中国结的制作全过程一一呈现。相信每一个人都能通过认真阅读，自己动手，独立完成这些精美饰品的制作。当读者将自己亲手制作的中国结随身携带，或馈赠亲友，或传达爱意时，就是对我们工作的最大褒奖。

　　当然，由于时间仓促，编者水平有限，在本书的编写过程中，疏漏之处实属难免，还请广大读者海涵、斧正。

目录

1

3

第一章

材料与工具

常用线材

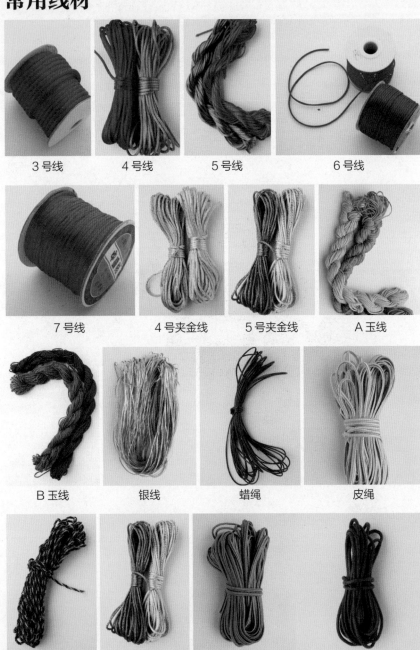

3号线　　　　4号线　　　　5号线　　　　6号线

7号线　　　　4号夹金线　　　5号夹金线　　　A玉线

B玉线　　　　银线　　　　蜡绳　　　　皮绳

索线　　　　弹力线　　　　如意扁线

瓔珞线　　　　流苏线　　　　七彩线　　　　股线（6股、9股、12股）

常用工具

热熔枪　　　　　　双面胶　　　　　　透明胶带

万能胶水　　　　　　　　　热熔胶棒

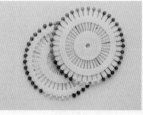

镊子　　　　　　珠针　　　　　　插垫

软尺　　　　剪刀　　　　蜡烛

打火机　　　　胶管　　　　胶圈

尖嘴钳　　　　铁环（开口环）

耳钩　　　　别针　　　　发夹

钩针　　　　挂绳　　　　项链扣（圆扣、龙虾扣等）

T针　　　　　　9针　　　　　　套色针

常用配件

瓷珠（粉彩珠、青花瓷珠、青花长形珠、四方瓷珠等）

木珠

塑料珠

琉璃珠

玛瑙珠

软陶珠

景泰蓝珠

金属串珠

珍珠串珠

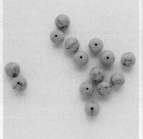

猫眼石串珠   绿松石串珠   高温结晶珠

铜钱   藏银管   水晶挂坠

瓷花挂坠   招福猫挂坠

铃铛（彩色铃铛、雕花   饰带   花托
铃铛等）

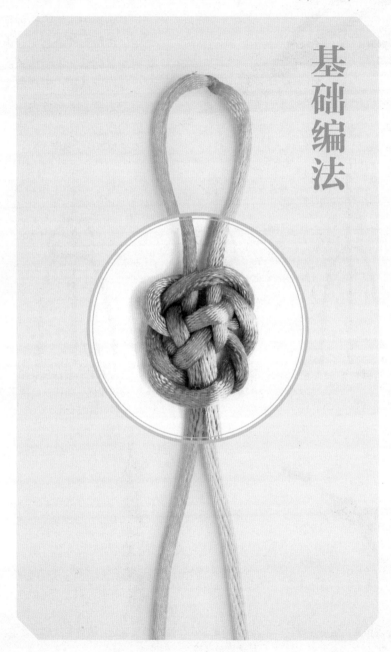

第二章

基础编法

单向平结

平结是中国结的一种基础结，也是一种最古老、最实用的基础结。平结给人的感觉是四平八稳，寓含着富贵平安之意。平结分为单向平结和双向平结两种，本节介绍单向平结的编法。

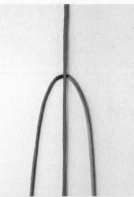

1. 将两根线按如图所示摆放。

2. 蓝线从红线下方过，穿过右圈；黄线压红线，穿过左圈。

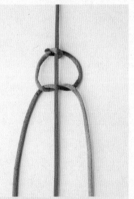

3. 拉紧后，蓝线压红线，穿过左圈；黄线从红线下方过，穿过右圈。

4. 再次拉紧，重复步骤2和步骤3。

5. 按照步骤2和步骤3重复编结，重复多次后，会发现结体变成螺旋状，即成。

双向平结

双向平结与单向平结相比，结体更加平整，且颜色分布有序，造型十分好看。

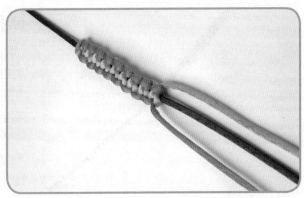

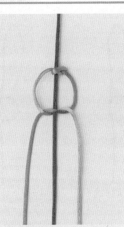

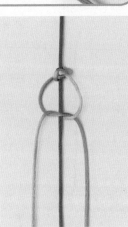

1. 以蓝线为中垂线，粉线压蓝线，穿过左圈；黄线从蓝线下方过，穿过右圈，拉紧。

2. 粉线压过蓝线，穿过左圈；黄线从蓝线下方过，穿过右圈。

3. 粉线压过蓝线，穿过右圈；黄线从蓝线下方过，穿过左圈。

4. 重复步骤2和步骤3，连续编结，即可完成双向平结。

横向双联结

"联"，有连、合之意。本结由两个单结套连而成，故名"双联"。这是一种较实用的结，结形小巧，不易松散，常用于结饰的开端或结尾。

1. 准备好一根线，将线对折。

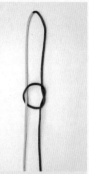

2. 棕线从绿线下方绕过，再压绿线回到右侧，并以挑、压的方式从线圈中穿出。

3. 绿线从棕线下方穿过，再从棕线后方绕过来。

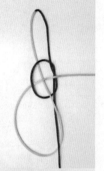

4. 绿线以挑棕线、压绿线的方式穿过棕线形成的圈中。

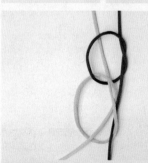

5. 绿线从下方穿过其绕出的线圈。

6. 将绿线拉紧。

7. 按住绿线绳结部分，将棕线向左下方拉，最终形成一个"X"形的双联结，即成。

竖向双联结

竖向双联结常用于手链、项链的编制。此结的特点是两结之间的联结线形成圆圈,可以用串珠作为装饰。

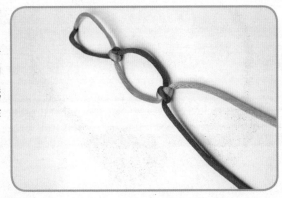

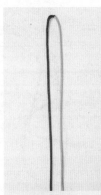

1. 将线对折。

2. 红线从上方绕过黄线后,自行绕出一个圈。

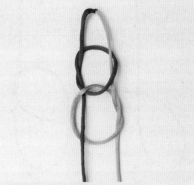

3. 黄线从下方绕过红线,再穿过红线圈(即将两个线圈连在一起)。

4. 将黄线圈拉至左侧。

5. 将黄线拉紧。

6. 捏住拉紧后的黄线,再将红线拉紧,最终形成一个"X"形的结。

7. 按照同样的方法再编一个结,即成。

凤尾结

　　凤尾结是中国结中十分常用的基础结之一，又名发财结，还有人称其为八字结。它一般被用在中国结的结尾，具有一定的装饰作用，象征着龙凤呈祥、财源滚滚、事业有成。

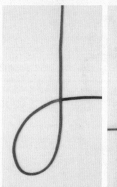

1. 左线（线的左端）压过右线（线的右端）。

2. 左线以压、挑的方式，从右至左穿过线圈。

3. 左线再次以压、挑的方式，从左至右穿过线圈。

4. 重复步骤2。

5. 重复步骤2和步骤3。

6. 整理左线，使结体不松散，最后拉紧右线。

7. 将多余的线头剪去，用打火机烧黏，即成。

单8字结

单8字结，结如其名，打好后会呈现出"8"字形。单8字结较为小巧、灵活，常用于编结挂饰或链饰的结尾。

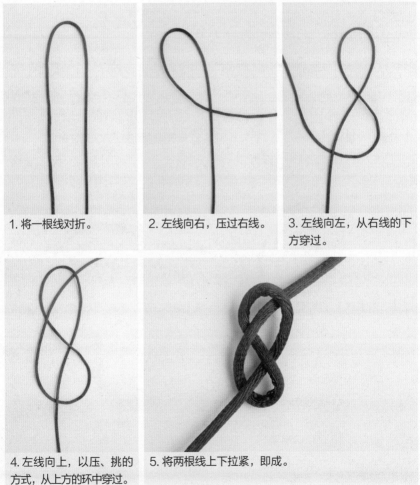

1. 将一根线对折。

2. 左线向右，压过右线。

3. 左线向左，从右线的下方穿过。

4. 左线向上，以压、挑的方式，从上方的环中穿过。

5. 将两根线上下拉紧，即成。

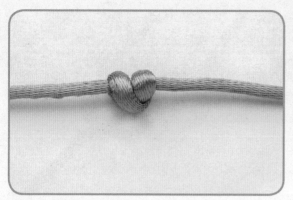

线圈结

　　线圈结是中国结中的一种基础结，是绕线后形成的圆形结，结形紧致、圆实，象征着团圆、和美。

1. 准备好一根线。

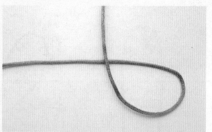

2. 将右线绕到左上方，压住左线。

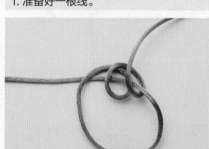

3. 右线在左线上缠绕两圈。

4. 缠绕完成后，将右线从形成的圈中穿出。

5. 将左右两线拉紧，即成。

搭扣结

　　搭扣结由两个单结互相以
对方的线为轴心编成。当拉起
两根轴线时，两个单结会结合
得非常紧密。此结中的两个单
结既可以拉开，又可以合并，
所以常被用于编制项链、手链
的结尾。

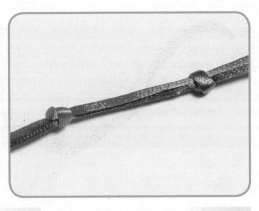

1. 取两根绳子，下方的线从上方的线之
下方穿过，再压过上方的线向下，形成
一个线圈。

2. 下方的线从下面穿过线圈，打一个单
结。

3. 将下方的线拉紧，形成的形状如图所示。

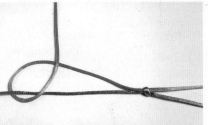

4. 上方的线从下方的线之下方穿过，再
压过下方的线向上，形成一个线圈。

5. 同步骤2，上方的线从下面穿过线圈，
打一个单结。

6. 最后，将上方的线拉紧，即成。

蛇 结

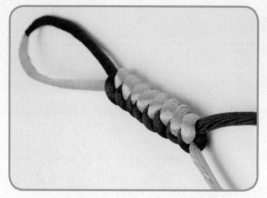

蛇结是中国结中的一种基础结，结体有微微的弹性，可以拉伸，状似蛇体，故得名。蛇结简单大方，深受大众喜爱，常被用来编制手链、项链等。

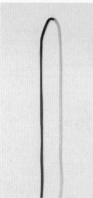

1. 将线对折。

2. 绿线由后往前，沿顺时针方向在棕线上绕一个圈。

3. 棕线从前往后，沿逆时针方向绕一个圈，然后从绿线圈中穿出。

4. 将两根线拉紧。

5. 重复步骤2和步骤3。

6. 拉紧两根线。

7. 重复步骤2和步骤3，编至合适的长度，即成。

金刚结

金刚结在佛教中是一种护身符，它代表着平安吉祥。金刚结的外形与蛇结相似，但结体更加紧密、牢固。

1. 将线对折。

2. 将粉线在蓝线下方连续绕两个圈。

3. 蓝线从右至左绕过粉线，再从粉线形成的两个线圈中穿出来。

4. 将所有的线稍稍拉紧、收拢。

5. 将编好的结翻转过来，并将位于下方的粉线抽出一个线圈来。

6. 将蓝线从粉线下方绕过，再穿入粉线抽出的圈中，将线拉紧。

7. 重复步骤5和步骤6，编至合适的长度，即成。

双钱结

　　双钱结又被称为金钱结，因其形似两个相连的古铜钱而得名，象征着好事成双。它常被用于编制项链、腰带等饰物，数个双钱结组合在一起，可构成美丽的图案。

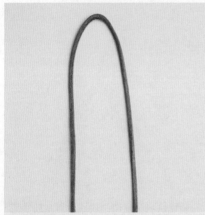

1. 将线对折。

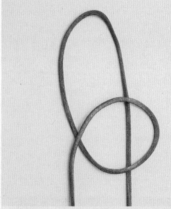

2. 左线压右线，沿逆时针方向绕圈。

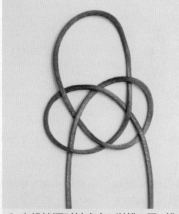

3. 右线按顺时针方向，以挑、压、挑、压、挑、压的顺序绕圈。

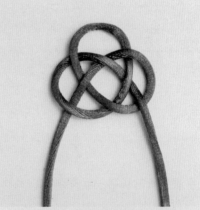

4. 最后，将编好的结体调整好，即成。

双线双钱结

双钱结不但寓意深刻，而且变化多端。将双绳接头相连接，即可编成双线双钱结。

1. 将线对折。

2. 编成一个双钱结。

3. 将深蓝色线以压、挑的顺序沿着浅蓝色线向上。

4. 深蓝色线沿着浅蓝色线向下。

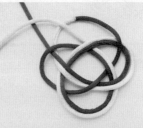

5. 浅蓝色线向右沿着深蓝色线向下。

6. 浅蓝色线继续沿着深蓝色线向下。

7. 最后，将两根线相对接，即成。

菠萝结

　　菠萝结是由双钱结延伸变化而来的，其形似菠萝，故得此名。菠萝结常用在手链、项链和挂饰上作装饰，分为四边菠萝结和六边菠萝结两种，这里为大家介绍的是最常用的四边菠萝结。

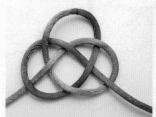

1. 准备好两根线。

2. 将两根线用打火机烧连在一起，然后编一个双钱结。

3. 蓝线跟着结中黄线的走势穿，形成一个双线双钱结。

4. 将编好的双线双钱结轻轻拉紧，一个四边菠萝结就形成了。

5. 最后，将多余的线头剪去，并用打火机烧黏，整理一下形状，即成。

酢浆草结

酢浆草结是一种应用很广的基本结，因其形似酢浆草而得名。其结形美观，易于搭配，可以衍生出许多变化结。因酢浆草又名幸运草，所以酢浆草结寓含幸运吉祥之意。

1. 将线对折。

2. 红线自行绕圈后，向右穿入顶部的圈。

3. 蓝线自行绕圈后，向上穿过红圈，再向左穿出。

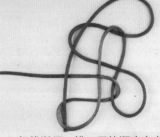

4. 红线以压、挑、压的顺序向左从蓝线圈中穿出。

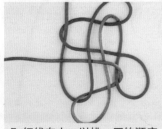

5. 红线向上，以挑、压的顺序，从红圈中穿出。

6. 将两根线拉紧，同时调整好三个耳翼的大小，即成。

双环结

双环结因其两个耳翼如双环而得名。因编法与酢浆草结相同，故又被称为双叶酢浆草结；而环又与圈相似，因此也被称为双圈结。

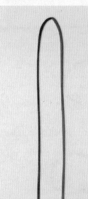

1. 将线对折。

2. 红线向右绕圈交叉后穿过棕线，再向右绕圈。

3. 红线向上绕圈，然后向下穿过其绕出的第二个圈。

4. 红线向右移动，压过棕线。

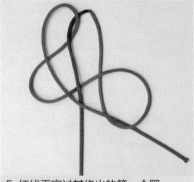

5. 红线再穿过其绕出的第一个圈。

6. 红线向左，穿过棕线下方，再向上穿过其绕出的第二个圈。

7. 将两根线拉紧，并调整好两个耳翼的大小，即成。

万字结

万字结的结心似
梵文万字（卍），故得
此名。万字结常用来
作为结饰的点缀，在
编制吉祥饰物时会大
量使用，以寓万事如
意、福寿安康之意。

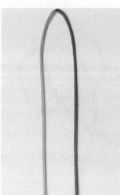

1. 将线对折。

2. 粉线自行绕圈打结。

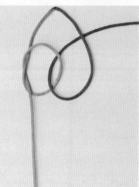

3. 将红线压过粉线，从粉线圈中穿过。

4. 红线自上而下绕圈打结。

5. 红线圈向左从粉线的交叉点穿出，粉线圈向右从红线的交叉点穿出。

6. 将线拉紧，拉紧时调整三个耳翼的位置，即成。

单线纽扣结

　　纽扣结，学名疙瘩扣，因结形如钻石状，又称钻石结，可当纽扣使用，也可作为装饰结。纽扣结有很多变化结，如单线纽扣结、双线纽扣结、长纽扣结等，本节介绍单线纽扣结的编法。

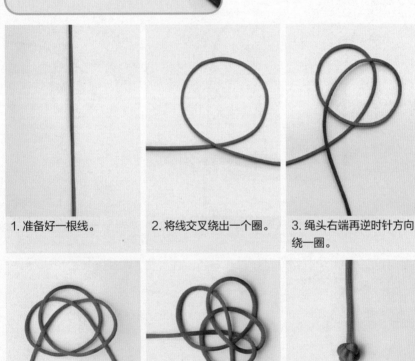

1. 准备好一根线。

2. 将线交叉绕出一个圈。

3. 绳头右端再逆时针方向绕一圈。

4. 绳头左端逆时针方向绕圈，以压、挑、压、挑的方式，从两个圈中穿过。

5. 绳头左端继续逆时针方向绕圈，以压一根、挑三根、压两根的方式从三个圈中穿出。

6. 最后，将两端绳头拉紧，稍作调整，即成。

双线纽扣结

双线纽扣结是纽扣结的一种。其结形饱满、美观，多作为装饰使用。

1. 将线对折。

2. 粉线绕一个圈，压在红线上。

3. 将粉线圈扭转一次，再次压在红线上。

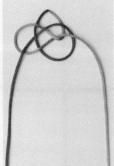

4. 红线从粉线下方绕过，再以压两根、挑一根、压一根的顺序穿出。

5. 将粉线下端的线向上拉。

6. 粉线绕到红线的下方，再从中间的圈中穿出。

7. 红线从粉线下方由左到右绕到顶部，再从中间的圈中穿出。

8. 将顶部的圈和下端的两根线拉紧，即成。

圆形玉米结

　　玉米结是一种基础结，分为圆形玉米结和方形玉米结两种，都由十字结组成，本节介绍圆形玉米结的编法。

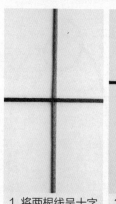

1. 将两根线呈十字形交叉摆放。

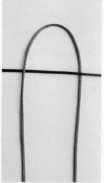

2. 蓝线向下移动，压过棕线。

3. 棕线向右移动，压过蓝线。

4. 右侧的蓝线向上压过棕线。

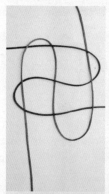

5. 上方的棕线向左穿过蓝线的圈中。

6. 将四条线向四个方向拉紧。

7. 继续按照上述步骤挑压四条线，注意挑压的方向要始终一致。

8. 重复编至一定次数，即可编出圆形玉米结。

方形玉米结

　　方形玉米结因其方形的外观更显稳固感。学会了圆形玉米结的编法，方形玉米结就易学多了。

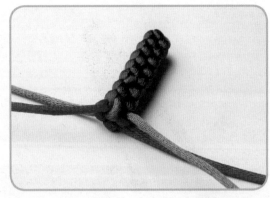

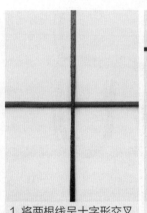

1. 将两根线呈十字形交叉摆放。

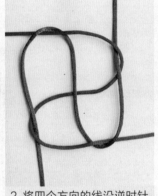

2. 将四个方向的线沿逆时针方向相互挑压。

3. 挑压完成后，将四根线拉紧。

4. 再将四个方向的线沿顺时针方向相互挑压。

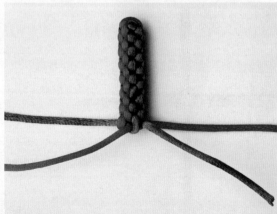

5. 将四条线拉紧后，重复步骤 2 ～步骤 4，即可编出方形玉米结。

玉米结流苏

　　流苏在中国结挂饰中常常用到。编制流苏的方法有很多，玉米结流苏是常用的一种，也被称为"吉祥穗"。

1. 准备几根不同颜色的流苏线，呈十字形交叉摆放。

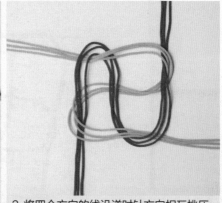

2. 将四个方向的线沿逆时针方向相互挑压。

3. 拉紧四组线。

4. 将四组线继续沿逆时针方向挑压，即可编出圆形玉米结流苏。也可以按照编方形玉米结的方法，编出方形玉米结流苏。

太阳结

太阳结又称品结，寓意着光明、灿烂。此结常被用于绕边，也可以单独用作手链、项链等饰品。

1.取一根黄线，绕圈打结，注意不要拉紧。

2.黄线在第一个圈下方继续打结，注意两个结的交叉方向。

3.取一根红线，压住黄线的第一个圈。

4.黄线的第一个圈向下穿过下方第二个圈的交叉处。

5.将黄线向左右同时拉紧，并调整耳翼的大小。

6.右边的黄线再次绕圈打结，要特别注意两个结的交叉方向。

7.红线再次压住黄线上方的第一个圈。

8.同步骤4，黄线的第一个圈向下穿过下方第二个圈的交叉处。最后，拉紧黄线。重复完整的步骤，编成一个圈，即成。

右斜卷结

斜卷结因其结体倾斜而得名，因此结源自国外，故又名西洋结。它常用在立体结中，分为右斜卷结和左斜卷结两种。

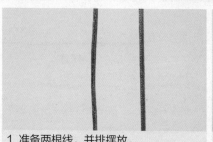

1. 准备两根线，并排摆放。

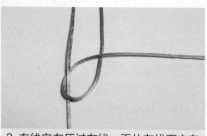

2. 右线向左压过左线，再从左线下方向右穿过，压过右线的另一端。

3. 右线另一端向左压过左线，再从左线下方向右穿过，压过右线。

4. 将右线的两端分别向左右两个方向拉紧，一个斜卷结完成。

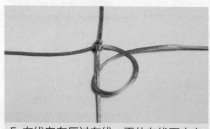

5. 右线向左压过左线，再从左线下方向右穿过，压过右线。

6. 将右线的两端分别向左右两个方向拉紧，即成。

左斜卷结

左斜卷结结式简单易懂、变化灵活，是一种用途广泛的结艺编法。

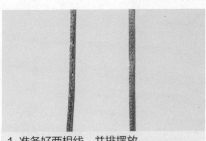

1. 准备好两根线，并排摆放。

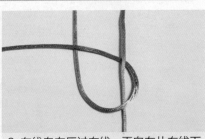

2. 左线向右压过右线，再向左从右线下方穿过。

3. 左线另一端向右压过右线，再从右线下方向左穿过，压过左线。

4. 将左线的两端分别向左右两个方向拉紧，一个左斜卷结完成。

5. 左线向右压过右线，再从右线下方向左穿过，压过左线。

6. 将左线的两端分别向左右两个方向拉紧，即成。

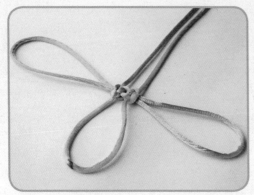

横藻井结

　　在中国宫殿式建筑中，涂画文彩的天花板谓之"藻井"，而"藻井结"的结形，其中央似"井"字，周边为对称的斜纹，因此得名。藻井结分为横藻井结和竖藻井结两种，本节介绍横藻井结的编法。

1. 将线对折。

2. 黄线以挑、压的方式自行绕圈打结。

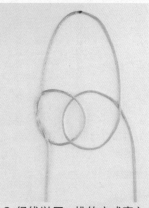

3. 绿线以压、挑的方式穿入黄线圈中，并向右绕圈交叉。

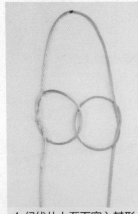

4. 绿线从上至下穿入其形成的圈中。

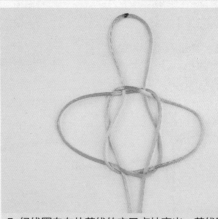

5. 绿线圈向左从黄线的交叉点处穿出，黄线圈向右从绿线的交叉点处穿出。

6. 将左右两边的耳翼拉紧。

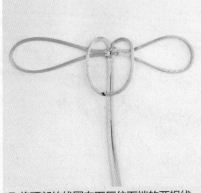

7. 将顶部的线圈向下压住下端的两根线。

8. 将黄线从压着它的圈中穿出。

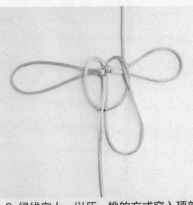

9. 绿线向上，以压、挑的方式穿入顶部右边的绿线圈中。

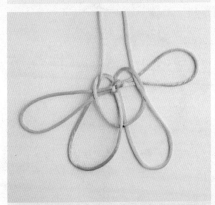

10. 黄线向上，以挑、压的方式穿入顶部左边的黄线圈中。

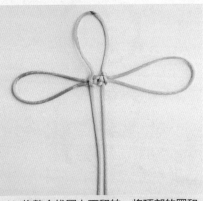

11. 将整个线圈上下翻转，将顶部的圈和底端的黄线、绿线同时拉紧，即成。

竖藻井结

　　竖藻井结可用于编手镯、项链、腰带、钥匙链等,十分结实、美观。

1. 将一根线对折摆放。

2. 打一个松松的结。

3. 在第一个结的下方连续打三个松松的结。

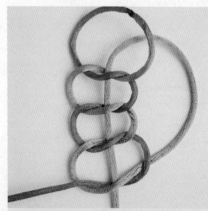

4. 粉线向右上,再向下从四个结的中心穿过。

5. 绿线向左上,再向下从四个结的中心穿过。

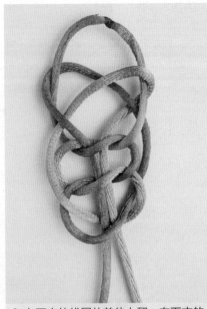

6. 左下方的线圈从前往上翻，右下方的
线圈从后往上翻。

7. 将上方的线拉紧，仅留最下方的两个
线圈不拉紧。

8. 同步骤6，左下方的线圈从前往上翻，
右下方的线圈从后往上翻。

9. 将结体拉紧，即成。

线　圈

　　线圈是一种基础结，常用于结与饰物的连接，也可作为装饰，寓意和美、团圆。

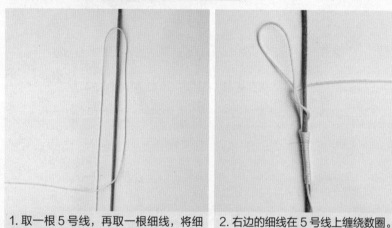

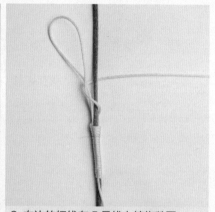

1. 取一根 5 号线，再取一根细线，将细线对折后，右侧放在 5 号线上。

2. 右边的细线在 5 号线上缠绕数圈。

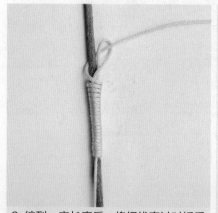

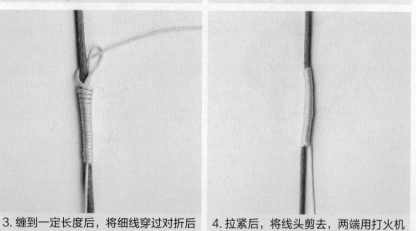

3. 缠到一定长度后，将细线穿过对折后留出的圈中，然后将下端的细线向下拉。

4. 拉紧后，将线头剪去，两端用打火机烧黏，对接起来，即成。

绕　线

绕线和缠股线是中国结中常用的基础结，它们会使线材更加有质感，使整个结体更加典雅、大方。

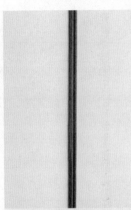

1. 准备好两根蓝线。

2. 将一根红色细线对折后，右侧放在两根蓝线上。

3. 蓝线保持不动，红线在蓝线上绕圈。

4. 绕到一定长度后，将红线的线尾穿入红线对折后留出的圈中。

5. 将红线的两端拉紧。

6. 最后，将红线的线头剪掉，用打火机烧黏，即成。

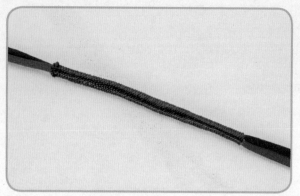

缠股线

制作缠股线时需要用到双面胶，打结前应预先准备好。

1. 准备好两根线，将其合并在一起。

2. 将合并的两根线缠上一段双面胶。

3. 取一段股线，缠在双面胶的外面，以两根线为中心反复缠绕。

4. 缠到所需的长度，将线头烧黏，即成。

两股辫

两股辫是中国结的一种基础结，常用于编制手链、项链、耳环等饰物。

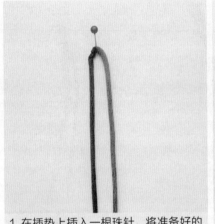

1. 在插垫上插入一根珠针，将准备好的线挂在珠针上。

2. 将左右两边的线一根向外拧，一根向内拧。

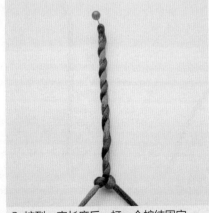

3. 拧到一定长度后，打一个蛇结固定。

4. 将编好的两股辫从珠针上取下，即成。

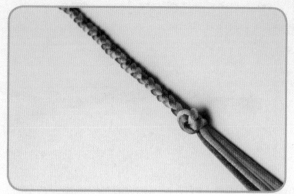

三股辫

三股辫也很常见，常用于编制手链、项链、耳环等饰物。

1. 取三根线，并在一端处打一个结。

2. 粉线向左，压住黄线。

3. 金线向右，压住粉线。

4. 黄线向左，压住金线。

5. 粉线向右，压住黄线。

6. 重复步骤2～步骤5，编到一定长度后，在末尾打一个结固定，即成。

四股辫

四股辫由四股线相互交叉缠绕而成，通常用于编制中国结手链和项链的绳子。

1. 取四根线，在上方打一个结固定。

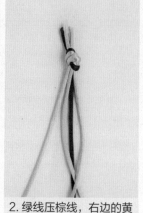

2. 绿线压棕线，右边的黄线压绿线。

3. 棕线压右边的黄线，左边的黄线压棕线。

4. 绿线压左边的黄线。

5. 左边的黄线压绿线，棕线压左边的黄线。

6. 重复步骤2～步骤5，编至足够的长度，在末尾打一个单结固定，即成。

八股辫

　　八股辫的编法与四股辫原理相同，而且八股辫和四股辫一样，常用于编制中国结手链和项链的绳子。

1. 准备好八根线（四根红线，绿线、粉线、蓝线、棕线各一根）。

2. 将顶部打一个单结固定，再将八根线分成两份，四根红线放在右边。

3. 绿线从后面绕到四根红线中间，压住两根红线。

4. 右边最外侧的红线从后面绕到左边四根线的中间，压住粉线和绿线。

5. 左边最外侧的蓝线从后面绕到四根红线的中间，压住两根红线。

6. 右边最外侧的红线从后面绕到左边四根线的中间，压住绿线和蓝线。

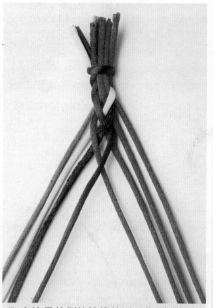

7. 左边最外侧的棕线从后面绕到四根红线的中间，压住两根红线。

8. 右边最外侧的红线从后面绕到左边四根线的中间，压住蓝线和棕线。

9. 重复步骤 3 ~ 步骤 8，连续编结。

10. 编至一定长度后，取其中一根线将其余七根线缠住，打结固定，即成。

锁 结

　　将两根线缠绕时相互紧锁，就成了锁结。其外形紧致牢固，适合编织项链或手链。

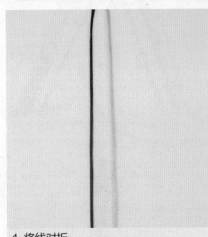

1. 将线对折。

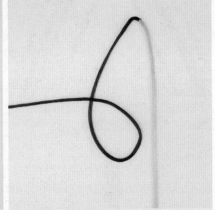

2. 棕线交叉绕圈。

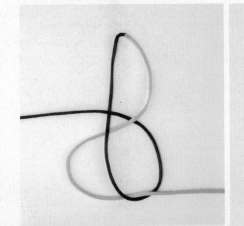

3. 绿线向左穿入棕线圈中。

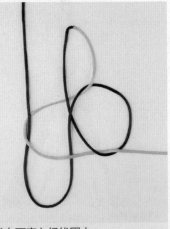

4. 棕线向下穿入绿线圈中。

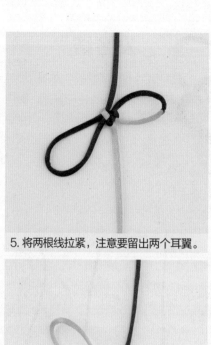

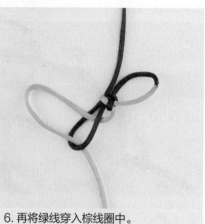

5. 将两根线拉紧，注意要留出两个耳翼。

6. 再将绿线穿入棕线圈中。

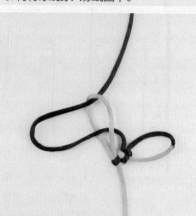

7. 拉紧棕线。

8. 再将棕线穿入绿线圈中。

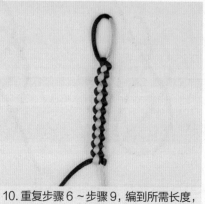

9. 拉紧绿线。

10. 重复步骤6～步骤9，编到所需长度，即成。

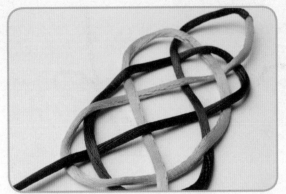

发簪结

发簪结，顾名思义，极像女士用的发簪。制作此结时可用多线，适宜编织手链等。

1. 将线对折摆放。

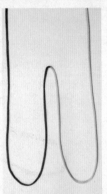

2. 将对折后的线两端向上折，使之呈"W"形。

3. 如图所示，将绿线环压在棕线环的上面。

4. 绿线逆时针方向穿过绿线环。

5. 棕线按照压、挑、压、挑的顺序向上穿过棕线、绿线交叉处。

6. 棕线按照压、挑、压、挑、压的顺序向下穿过棕线、绿线的交叉处。

7. 最后，仔细整理一下形状，即成。

十字结

十字结结形小巧简单，一般用作配饰和饰坠。其正面呈"十"字，故称十字结，其背面呈方形，故又称方结、四方结。

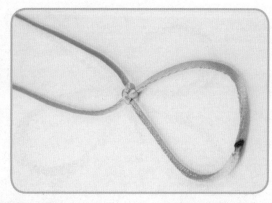

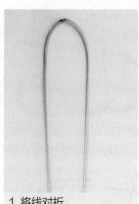

1. 将线对折。

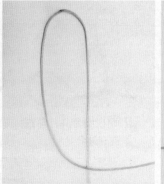

2. 绿线向右压过黄线。

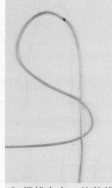

3. 绿线向左，从黄线下方绕过。

4. 绿线向右，再次从黄线下方穿过。

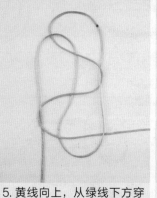

5. 黄线向上，从绿线下方穿过，最后从顶部的圈中穿出，再向下，以压、挑的方式从绿线圈中穿出。

6. 将黄线和绿线拉紧，即成。

绶带结

绶带结的编结方法与十字结类似，但寓意更深刻，富含福禄寿三星高照、官运亨通、连绵久长、代代相续之意。

1. 将线对折摆放。

2. 两根线合并，向右绕圈交叉。

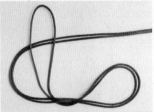

3. 两根线向左绕，以压、挑的方式穿入顶部的线圈中。

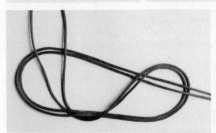

4. 两根线向右，穿入两线在步骤2中形成的圈中。

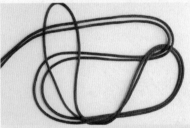

5. 两根线向上，然后向左压过顶部的圈。

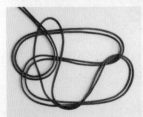

6. 两根线向下，自下而上穿入步骤5形成的圈中。

7. 两根线向上穿入顶部的圈中，接着向下穿入如图所示的圈中。

8. 将两根线拉紧，并调整三个耳翼的大小，即成。

套环结

套环结外形工整、简单，而且不易松散，十分受欢迎。

1. 取一个钥匙环和一根线。将线对折穿入钥匙环，将顶端的线穿入顶部的圈中。

2. 将线拉紧，左线从下方穿过钥匙环，再向左穿入左侧线圈中。

3. 将线拉紧。

4. 重复上述步骤，直到绕完整个钥匙环。

5. 最后，将线头剪去，用打火机烧黏，即成。

菠萝头

菠萝头是中国结的一种，常用在流苏前方，起到固定流苏和装饰的作用。

1. 将一根线对折后，交叉。

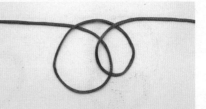

2. 右线从下至上穿入步骤1形成的圈中，再从上而下从圈中穿出。

3. 右线从上而下穿入步骤1形成的圈中，再向右绕圈交叉。

4. 将线拉紧。

5. 重复步骤2和步骤3，编到足够长度时，拉紧左右两条线，形成一个圈。

6. 继续重复步骤1～步骤3，直到结成一个更大的圈，将左右两根线拉紧，用打火机将线头烧黏，即成。

秘鲁结

秘鲁结是中国结的基本结之一。它简单易学，且用法灵活，多用于项链、耳环及小挂饰的结尾部分。

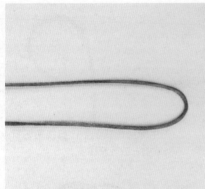

1. 将线对折。

2. 下方的线向上压过上方的线，在上方的线上绕两圈。

3. 将下方的线穿入两线围成的圈内。

4. 将两端的线拉紧，即成。

十角笼目结

　　笼目结是中国结的一种基本结，因结形如同竹笼的网目而得名。此结分为十角笼目结和十五角笼目结两种，本节介绍十角笼目结的编法。

1. 准备两根线。

2. 先用深蓝色线编结，右线逆时针方向绕圈，放在左线下。

3. 左线顺时针方向绕圈，放在右线上。

4. 右线以压、挑、压的顺序向左上穿过。

5. 右线再向右下，以挑、压、挑、压的顺序穿过，一个单线笼目结就编好了。

6. 将浅蓝色线从深蓝色线右侧绳头处穿入。

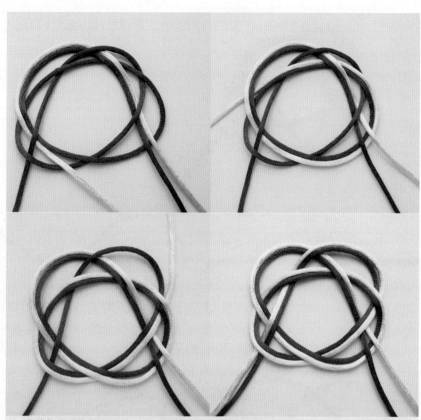

7. 浅蓝色线随深蓝色线绕一圈，注意两线不要重叠或交叉。

8. 最后，整理结形，十角笼目结就完成了。

十五角笼目结

十五角笼目结常用于辟邪，可用来编成胸花、发夹、杯垫等饰物，用途较为广泛。

1. 准备好一根线。

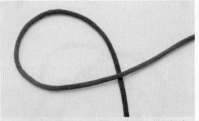

2. 左线顺时针方向绕一个圈，放在右线下。

3. 右线逆时针方向绕一个圈，以挑、压的顺序穿过左线的圈。

4. 左线向左，以压两根、挑两根的顺序从右线圈中穿出。

5. 右线向右，以压、挑、压、挑两根、压两根的顺序穿出。

6. 最后，整理结形，即成。

琵琶结

琵琶结因其形状酷似古代乐器琵琶而得名。此结常与纽扣结组合成盘扣，也可作为挂坠的结尾，还可作耳环。

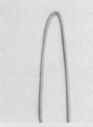

1. 将线对折，注意图中线的摆放，左线长，右线短。

2. 将左线压过右线，再从右线下方绕过，最后从两线交叉形成的圈中穿出。

3. 左线由左至右，再从顶部线圈的下方穿出。

4. 左线向左下方压过所有的线。

5. 左线沿逆时针方向绕圈。

6. 左线向右从顶部线圈的下方穿出，向左下方压过所有线。

7. 重复步骤3～步骤6，在重复绕圈的过程中，每个圈都是从下往上排列的。最后，左线从上至下穿入中心的圈中。

8. 将结体轻轻收紧，剪掉多余的线头，用打火机烧黏，即成。

攀缘结

攀缘结因其常套于一段绳或其他结上而得名。编此结时，要注意将结中能抽动的环固定或套牢。

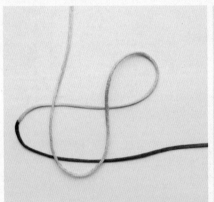

1. 将线对折后，黄线向下交叉绕圈，再向上绕回，将棕线压住。

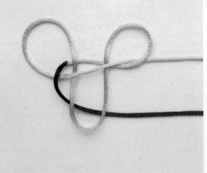

2. 黄线从左向右以挑棕线、压黄线的顺序从黄线圈中穿出。

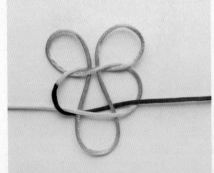

3. 黄线向下，由右向左压过所有线，从左侧的线圈中穿出。

4. 将黄线、棕线拉紧，即成。

雀头结

雀头结是一种基础结。编此结时，常以环状物或长条物为轴，覆于轴面，用来代替攀缘结。

1. 准备好两根线，紫线从绿线下方穿过，再压过绿线向右，从紫线另一端下方穿过。

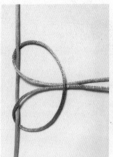

2. 紫线另一端向左从绿线下方穿过，再向上压过绿线，从紫线下方向右穿过。

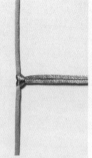

3. 将右线拉紧，一个雀头结完成。

4. 位于下方的紫线向左压过绿线，再向上从绿线下方穿过，并压过紫线向右穿出。

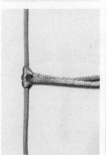

5. 将线拉紧。

6. 位于下方的紫线向左从绿线下方穿过，再向上向右压过绿线，并从右线下方穿过。

7. 将线拉紧，又完成一个雀头结。

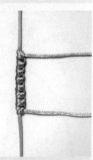

8. 重复步骤5~步骤7，编至想要的长度，即成。

蜻蜓结

蜻蜓结是中国结的一种，可用作发饰、胸针。编此结时，关键点在于身躯部分，应该注意前大尾小，以显生动。

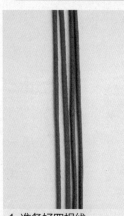

1. 准备好四根线。

2. 在四根线的顶端打一个纽扣结。

3. 在纽扣结下方打一个十字结。

4. 取一根蓝线、一根红线为中心线，其余两根线编双向平结。

5. 编至合适的长度。

6. 将底端的线头剪掉，用打火机烧黏，即成。

幸运珠结

幸运珠结是中国结的一种，结体呈圆环状，象征着幸运，故而得名。

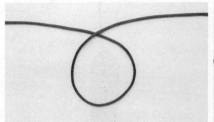

1. 取一根线，交叉绕圈。

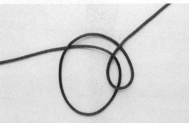

2. 右线自下而上穿入第一个圈，再向右穿进右边的圈中。

3. 右线从上至下穿过第一个圈，再从下方穿过右边的圈中。

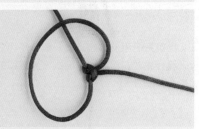

4. 将线拉紧。

5. 重复步骤2～步骤4，直到编出环形。

6. 将多余的线头剪掉，用打火机烧黏，即成。

流　苏

　　流苏是一种下垂的、以五彩羽毛或丝线等制成的穗子，常用于服装、首饰及挂饰的装饰。它也是一种常见的中国结。

1. 准备好一束流苏线。取一根 5 号线放进流苏线里，再用一根细线将流苏线的中间部位捆住。

2. 提起 5 号线的上端，让流苏自然垂下。

3. 再取一根细线，用打秘鲁结的方法将流苏固定住。

4. 将流苏下方的线头剪齐，即成。

实心五耳团锦结

团锦结结体虽小，但结形圆满美丽，类似花形，且不易松散。团锦结可编成五耳、六耳、八耳，还可编成实心的和空心的。这里介绍的是实心五耳团锦结。

1. 准备好一根线。

2. 将线对折后，右线自行绕出一个圈，再向上穿入顶部的圈中。

3. 右线再绕出一个圈，并穿入顶部的圈和步骤 2 形成的圈中。

4. 将右线对折后，再穿过顶部的圈和步骤 3 形成的圈中。

5. 将右线穿过步骤 4 形成的圈中，并让最后一个圈和第一个圈相连。

6. 最后，整理好 5 个耳翼的形状，将线拉紧，即成。

空心七耳团锦结

　　人们习惯在空心七耳团锦结中镶嵌珠石等饰物，使其流露出花团锦簇的喜气，寓意吉庆祥瑞。

1. 将一根线对折摆放。

2. 将右线自行绕出一个圈后，向上穿入顶部的圈中。

3. 右线再绕出一个圈，穿入步骤2中绕出的第二个圈中。

4. 右线再绕出一个圈，穿入步骤3中绕出的第三个圈中。

5. 右线再绕出一个圈，穿入步骤4中绕出的第四个圈中。

6. 右线再绕出一个圈，穿入步骤5中绕出的第五个圈中。

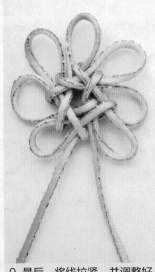

7. 右线再绕出一个圈，穿入步骤6中绕出的第六个圈后，再穿过第一个圈。

8. 将结形调整一下，将7个耳翼拉出。

9. 最后，将线拉紧，并调整好7个耳翼的位置，即成。

龟 结

龟结是中国结的一种基础结，因其外形似龟的背壳而得名，常用于编制辟邪铃、坠饰、杯垫等物品。

1. 将线对折摆放。

2. 棕线绕圈，并向右压过粉线。

3. 粉线向左，从后方以挑、压、挑的顺序穿出。

4. 棕线向右压过粉线，以压、挑、压的顺序穿出。

5. 粉线向左上，从粉圈中穿出。

6. 粉线再向下，以压、挑、压、挑的顺序穿出。

7. 将结形收紧，整理一下。

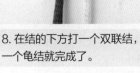

8. 在结的下方打一个双联结，一个龟结就完成了。

十全结

十全结由5个双钱结组成，5个双钱结相当于10个铜钱，即"十泉"，因"泉"与"全"同音，故名为"十全结"，寓意十全十美。

1. 将一根线对折摆放。

2. 编一个双钱结。

3. 棕线向右压过黄线，再编一个双钱结，注意外耳相勾连。

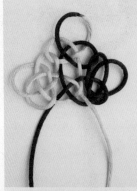

4. 黄线绕过棕线，在左侧编一个双钱结，注意外耳相勾连。

5. 黄线和棕线相互挑压，使所有结相连。

6. 将黄线和棕线的线头烧黏在一起，即成。

吉祥结

吉祥结是很受欢迎的一种中国结。它是十字结的延伸，因其耳翼有7个，故又名为"七圈结"。吉祥结是一种古老的装饰结，富意吉利祥瑞。

1. 准备两根颜色不同的5号线。

2. 将两根线烧黏，对接在一起，再将线摆放成如图所示的样子。

3. 将4个耳翼按照编十字结的方法，逆时针方向相互挑压。

4. 将4个耳翼拉紧，然后按照顺时针方向相互挑压。

5. 将线拉紧，再将7个耳翼拉出，即成。

如意结

　　如意结由 4 个酢浆草结组合而成，是一种古老的中国结。它的应用很广，几乎各种结饰都可与之搭配。如意结状似灵芝，灵芝乃吉祥瑞草，故其寓意吉祥、平安、如意。

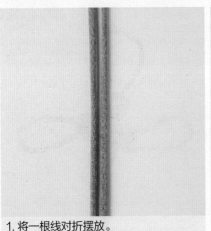

1. 将一根线对折摆放。

2. 先打一个酢浆草结。

3. 在左右两侧再分别打一个酢浆草结，如图中所示摆放。

4. 以打好的三个酢浆草结为耳翼，再打一个大的酢浆草结，即成。

绣球结

相传，雌雄二狮相戏时，其绒毛会结成球，称之为绣球，被视为吉祥之物。绣球结由 5 个酢浆草结组合而成，编制时耳翼大小须一致，相连方向也要相同，结形才更加优美。

1. 先编两个酢浆草结，注意其外耳须相连。

2. 再编一个酢浆草结，并与其中一个酢浆草结外耳相连。

3. 以编好的三个酢浆草结为耳翼，再编一个大的酢浆草结。

4. 将左右两根线穿入最下方的两个耳翼中。

5. 最后，编一个酢浆草结，使所有结的耳翼相连，即成。

四耳三戒箍结

　　戒箍结是中国结的一种基础结，又叫梅花结，通常与其他中国结一起用于服饰或装饰品上。戒箍结有很多种编法，这里介绍的是四耳三戒箍结。

1. 准备好一根扁线。

2. 左线绕右线围成一个圈，再穿出。

3. 左线以挑一根线、压两根线、挑一根线、压一根线的顺序穿出。

4. 左线继续以压、挑、压、挑、压、挑、压的顺序从右向左穿出。

5. 整理结形，将线拉紧，最后将两个线头烧黏在一起，即成。

五耳双戒箍结

五耳双戒箍结是戒箍结中一种较为常见的编结方法，其编法与四耳三戒箍结大同小异。

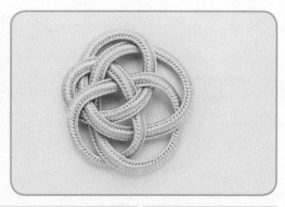

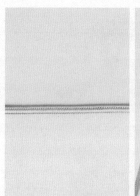

1. 准备好一根扁线。

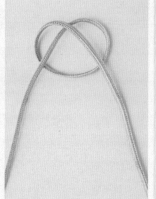

2. 左线绕右线围成一个圈。

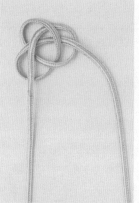

3. 右线以压、挑的顺序从左线后端穿出。

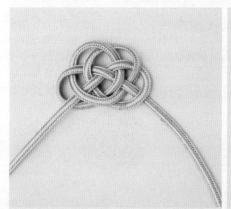

4. 左线以挑、压、挑、压、挑、压的顺序从右线上方穿过。

5. 整理结形，将两个线头烧黏在一起，即成。

五耳三戒箍结

　　五耳三戒箍结相对于其他戒箍结来说，编织的方法更复杂，但结形更紧致、稳定，可用于制作杯垫。

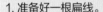

1. 准备好一根扁线。

2. 左线绕右线形成一个圈。

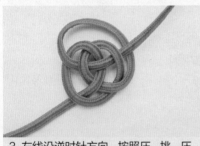

3. 左线沿逆时针方向，按照压、挑、压、挑、压的顺序穿出。

4. 左线继续沿逆时针方向，按照挑、压、挑两根线、压、挑、压的顺序穿出。

5. 左线继续沿逆时针方向，按照压、挑、压、挑、压、挑、压、挑、压的顺序穿出。

6. 最后，整理结形，将两个线头烧黏，即成。

八耳单戒箍结

八耳单戒箍结的编结方法简单、快捷，其外形呈环状，其编法与五耳三戒箍结大同小异。

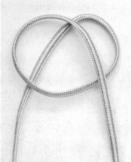

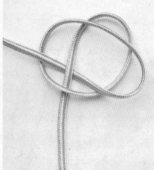

1. 准备一根长60 cm的扁线。

2. 右线绕左线一圈半。

3. 右线以压、挑、压的顺序从步骤2绕出的圈中穿出。

4. 右线继续以挑、压、挑、压的顺序穿出。

5. 右线向右下方继续以挑、压、挑、压的顺序穿出。

6. 最后，调整结形，将线头剪短烧黏，藏于结内，即成。

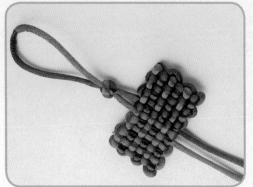

一字盘长结

　　盘长结是中国结中非常重要的基本结之一。盘长结是许多变化结的主结，结形紧密对称，分为一字盘长结、复翼盘长结、二回盘长结、三回盘长结、四回盘长结等。这里介绍的是一字盘长结。

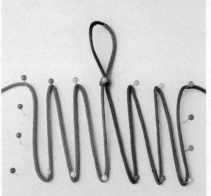

1. 将对接成一根的线打一个双联结，将线按如图所示的样子缠绕在珠针上。

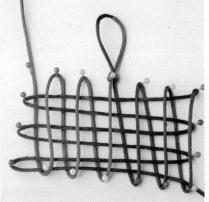

2. 蓝线横向从右向左压、挑各线。

3. 粉线横向从左向右压、挑各线。

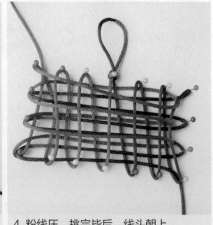

4. 粉线压、挑完毕后，线头朝上。

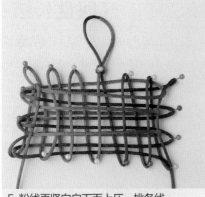

5.粉线再竖向自下而上压、挑各线。

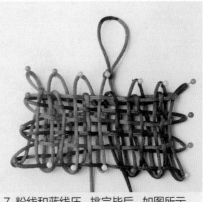

7.粉线和蓝线压、挑完毕后,如图所示。

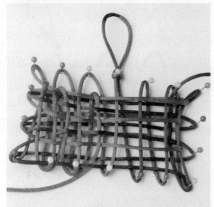

8.将珠针取下,将结体收紧。

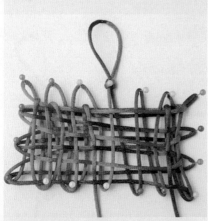

6.粉线穿至中心部位时,蓝线开始自下而上压、挑各线。

9.将结体收紧后,注意将所有耳翼收紧,即成。

二回盘长结

掌握了一字盘长结的编法，二回盘长结就比较易学了。

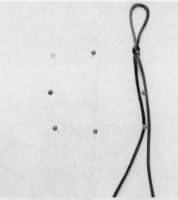

1. 将一根线对折，打一个双联结后，挂在插好的珠针上。

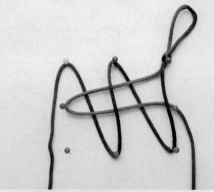

2. 将蓝线挂在珠针上，粉线以挑、压、挑、压的顺序从右向左穿过蓝线。

3. 粉线按照步骤 2 的穿法，再走两行横线。

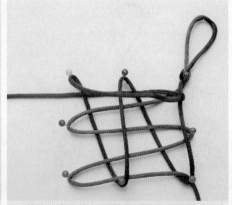

4. 蓝线从左向右，再从最下方向左穿出。

5. 按照步骤 4 的穿法，蓝线再走两行横线。

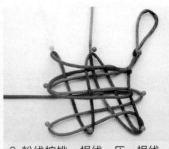

6. 粉线按挑一根线、压一根线、挑三根线、压一根线的顺序向上穿出。

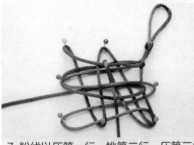

7. 粉线以压第一行、挑第二行、压第三行、挑第四行的顺序向下穿出。

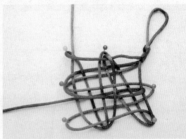

8. 粉线按照步骤 6 ~ 步骤 7 的方式，再走一个竖行。

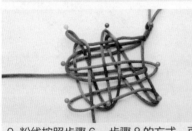

9. 粉线按照步骤 6 ~ 步骤 8 的方式，再走两个竖行。

10. 将珠针取下。

11. 整理好结体，即成。

三回盘长结

盘长结的结法多样，但只要掌握其中一种编法，其他的编法便可轻松学会。

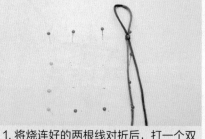

1. 将烧连好的两根线对折后，打一个双联结，然后如图所示，挂在珠针上。

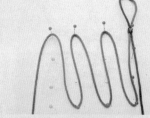

2. 将粉线从下向上绕线。

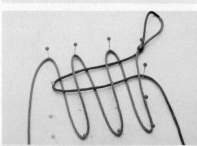

3. 将蓝线从左往右穿出。

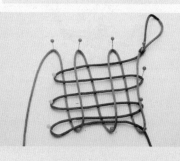

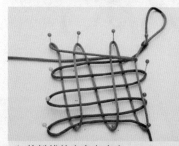

4. 将粉线从右向左穿出。

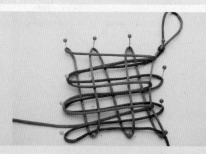

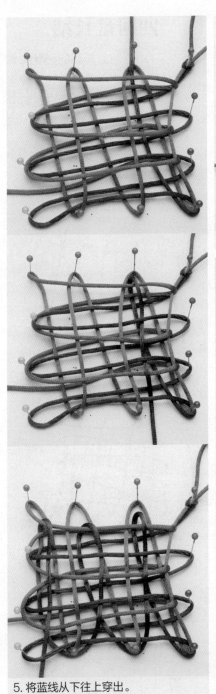

6. 将珠针全部取下。

5. 将蓝线从下往上穿出。

7. 整理好结形，即成。

四回盘长结

　　四回盘长结的形状似佛教八宝之一的盘长，呈现出一种连绵不断、回环往复的视觉效果。由于其形状的回环往复，也常被用来寓意好运相连、长长久久。

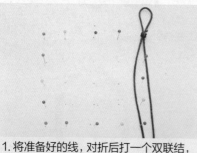

1. 将准备好的线，对折后打一个双联结，如图所示挂在珠针上。

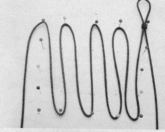

2. 将左线从下往上绕。

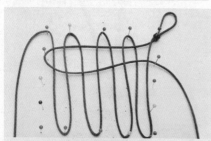

3. 将右线从左往右穿出。

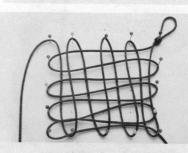

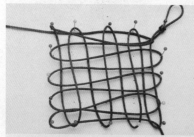

4. 将左线从右往左穿出。

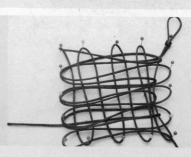

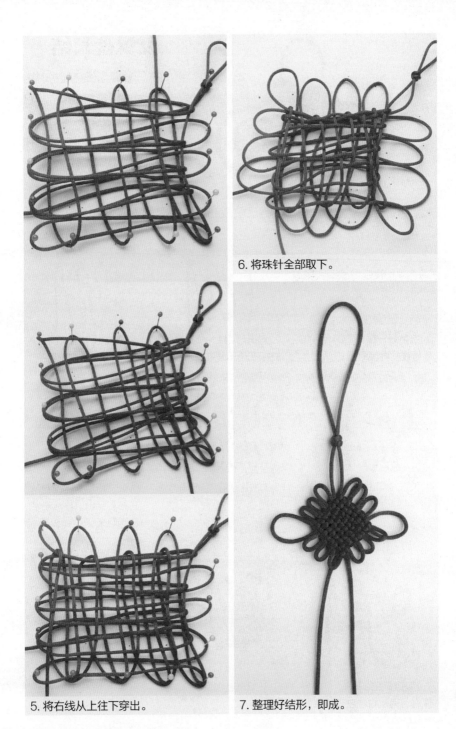

6. 将珠针全部取下。

5. 将右线从上往下穿出。

7. 整理好结形，即成。

复翼盘长结

复翼盘长结在古时也称为"复翼盘肠结"。它有着相依相随、永无终止的美好寓意。可做成各种挂饰、坠饰等装饰品。

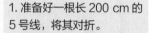

1. 准备好一根长 200 cm 的 5 号线，将其对折。

2. 对折后，打一个双联结，并如图所示绕在珠针上。

3. 将左线从左往右穿出，再从右往左穿回来。

4. 将左线向上方绕一圈。

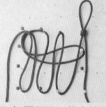

5. 如图所示，将左线再绕一圈。

6. 如图所示，将左线从左往右穿出，再从右往左穿回来。

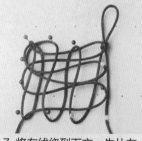

7. 将左线绕到下方，先从左往右，再从右往左穿回来。

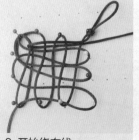

8. 开始绕右线。

9. 将右线从上方绕到中间。

10. 将右线从下往上穿出。

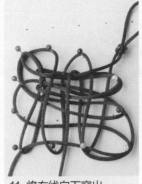
11. 将右线向下穿出。

12. 将右线向左穿出。

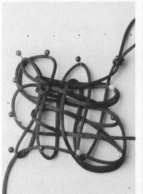
13. 将右线向右穿出。

14. 将右线向右上方穿出。

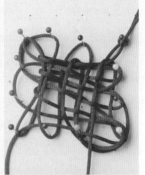
15. 将右线向右下方穿出。

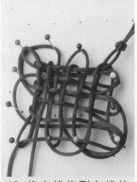
16. 将右线绕到左线的
一边。

17. 将珠针全部取下。

18. 整理好结形，即成。

鱼　结

自古以来，鱼被视为祥瑞之物，寓意为年年有余，鱼结也因此很受人们欢迎。

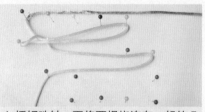

1. 插好珠针，再将两根烧连在一起的5号线绕在珠针上。

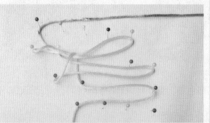

2. 绿线从下方绕过所有的绿线。

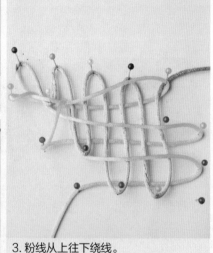

3. 粉线从上往下绕线。

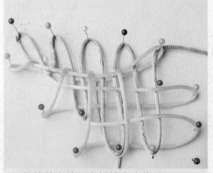

4. 绿线从上往下在粉线上方绕线。

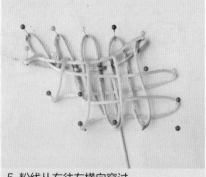

5. 粉线从右往左横向穿过。

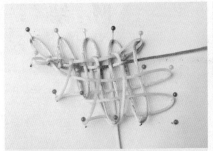

6. 粉线再从左往右穿过。

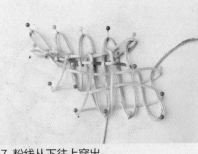

7. 粉线从下往上穿出。

8. 绿线从上往下穿出。

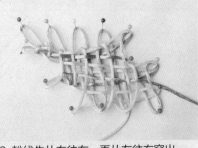

9. 粉线先从右往左，再从左往右穿出。

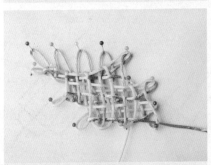

10. 同步骤9，继续穿粉线。

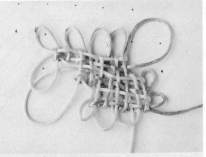

11. 将珠针全部取下。

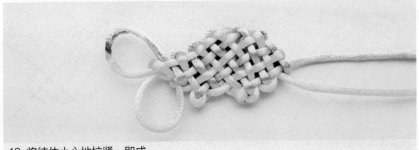

12. 将结体小心地拉紧，即成。

网 结

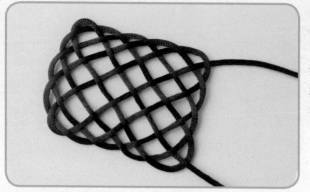

网结因外观形似一张网而得名，此结非常实用，也比较常见。

1. 准备好一根线，将线按如图所示的方式对折挂在珠针上。

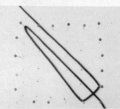

2. 左线向右，压过右线向上绕。

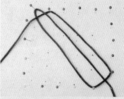

3. 左线向左绕。

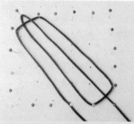

4. 左线向左下方绕。

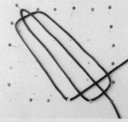

5. 左线以挑、压、挑的顺序向右穿出。

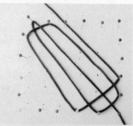

6. 左线向右上方绕。

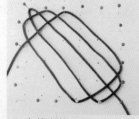

7. 左线以挑、压、挑、压的顺序向左穿出。

8. 左线向左下方绕。

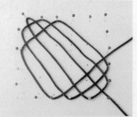

9. 左线以挑、压、挑、压、挑的顺序向右穿出。

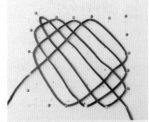

10. 左线向右上方绕，然后以挑、压、挑、压、挑、压的顺序向左穿出。

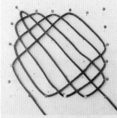

11. 左线向左下方绕。

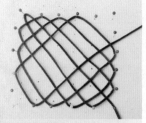

12. 左线以挑、压、挑、压、挑、压、挑的顺序向右穿出。

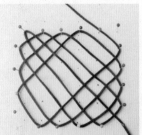

13. 左线向右上方绕。

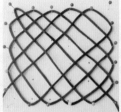

14. 左线以挑、压、挑、压、挑、压、挑、压的顺序向左穿出。

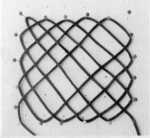

15. 左线向左下方绕。

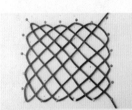

16. 左线以挑、压、挑、压、挑、压、挑、压、挑的顺序向右上方穿出。

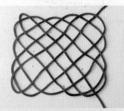

17. 将珠针全部摘下。

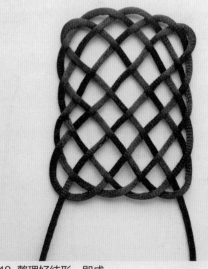

18. 整理好结形，即成。

复翼磬结

磬结有两种，即单翼磬结和复翼磬结，后者比前者复杂。接下来介绍复翼磬结的编法。

1. 将两根不同颜色的线烧黏在一起。

2. 打一个双联结。

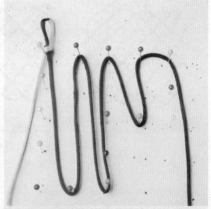

3. 将线绕到珠针上。

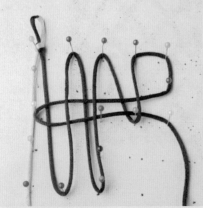

4. 从棕线开始穿线。

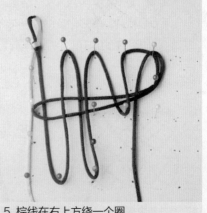

5. 棕线在右上方绕一个圈。

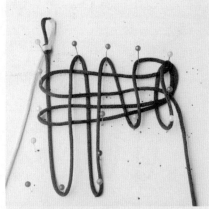

6. 棕线从右往左，再从左往右穿线。

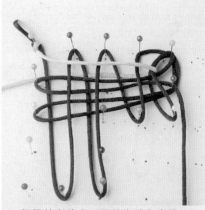

7. 绿线从左往右，再从右往左穿线。

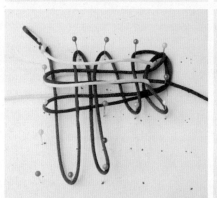

8. 绿线继续从左往右，再从右往左穿线。

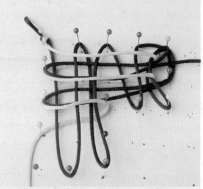

9. 绿线在左下方，从左往右，再从右往左穿线。

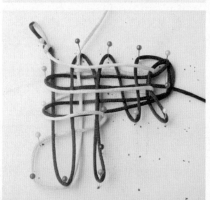

10. 绿线在左下方绕一圈，向上穿出。

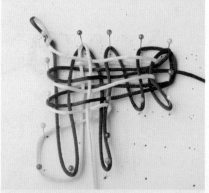

11. 绿线再向下穿出。

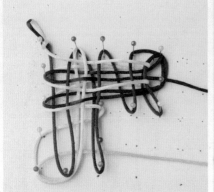

12. 绿线从左往右穿出。

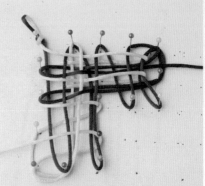

13. 绿线从右往左穿出。

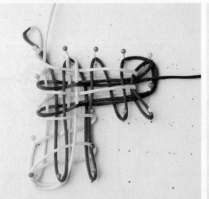

14. 绿线向上穿出。

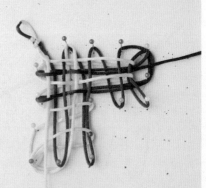

15. 绿线再向下穿出。

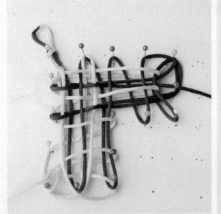

16. 绿线在左下方绕一圈，并向左穿出。

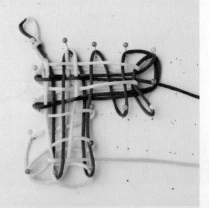

17. 绿线向右穿出。

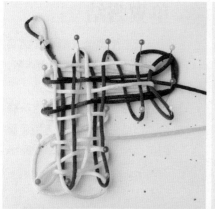

18. 绿线先从右往左，再从左往右穿出。

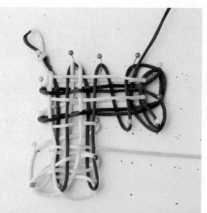

19. 棕线先从上往下，再从下往上穿出。

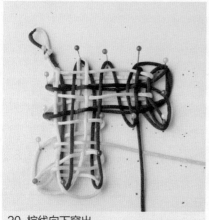

20. 棕线向下穿出。

21. 棕线先从下往上，再从上往下穿出。

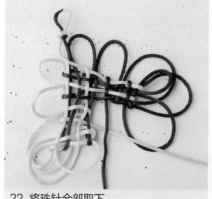

22. 将珠针全部取下。

23. 整理好结形，即成。

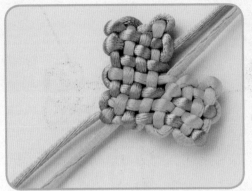

单翼磬结

磬结由两个长形盘长结交叉编结而成,因形似磬而得名。因为"磬"与"庆"同音,所以磬结寓意平安吉庆、吉庆有余。磬结分为单翼磬结和复翼磬结两种,本节介绍单翼磬结的编法。

1. 取两根5号线,对接在一起。

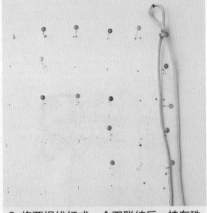

2. 将两根线打成一个双联结后,挂在珠针上。

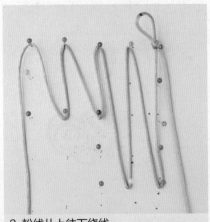

3. 粉线从上往下绕线。

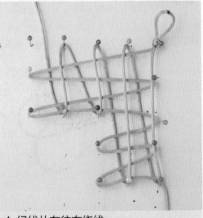

4. 绿线从左往右绕线。

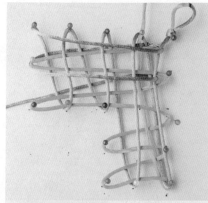

5. 粉线从左往右绕线。

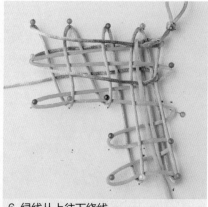

6. 绿线从上往下绕线。

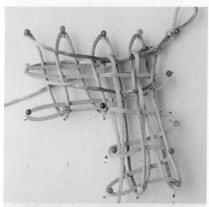

7. 绿线继续从上往下绕线。

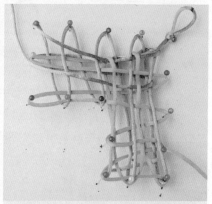

8. 绿线从右下方开始，从左往右绕线。

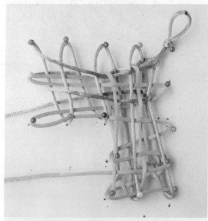

9. 绿线继续向上绕线。

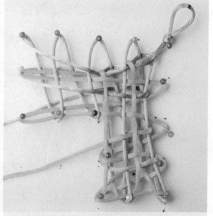

10. 绿线从右往左穿出。

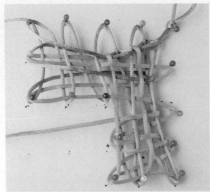

11. 粉线从上往下穿出。

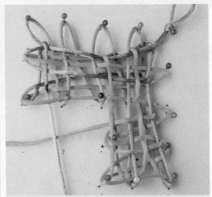

12. 粉线接着从上往下穿出。

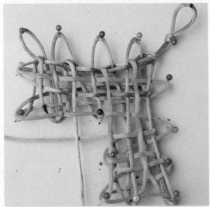

13. 粉线继续向下穿出。

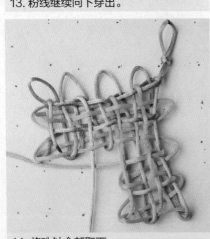

14. 将珠针全部取下。

15. 整理好结形，即成。

第三章

手
链
篇

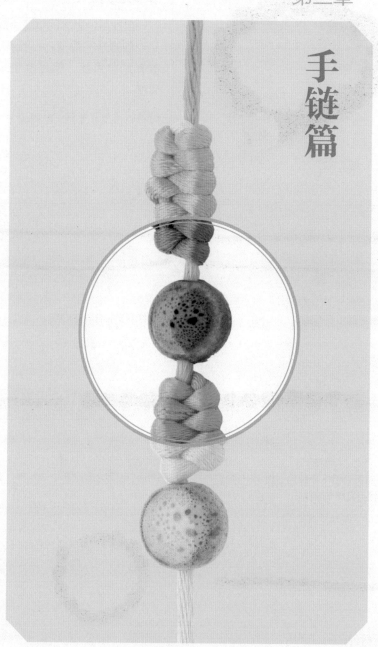

梦绕青丝

自别后，思念同竹瘦，却又刚烈得从不肯向什么低头。唯有那年青丝，用尽余生来量度。

材料：两根 6 号线，一颗瓷珠。

1. 准备好两根 6 号线。

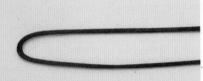

2. 将一根线对折，作为中心线。

3. 在对折处留一小段后，将另一根线在中心线上打单向平结。

4. 编到合适的长度之后，穿入一颗瓷珠。

5. 将多余的线剪去。

6. 两端烧黏，即成。

缤纷的爱

我问，爱的主色是什么？而你说，爱是一种难以言说的缤纷。

材料：一根 20 cm 长的细铁丝，一根 100 cm 长的五彩 5 号线，一颗塑料坠珠。

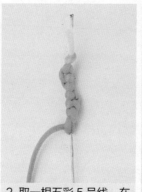

1. 准备 20 cm 长的一根细铁丝。

2. 取一根五彩 5 号线，在铁丝上编雀头结。

3. 编至合适的的长度，注意在铁丝的两端留出空余位置。

4. 用尖嘴钳将铁丝的两端拧在一起。

5. 调整好铁丝的形状，用剩余的五彩线串珠后打结，即成。

未完的歌

　　我似乎听见安静的天空里，吹过没有节拍的风，仿若一曲未完的歌。

材料：一根 70 cm 长的五彩线，一段股线，一颗黑色串珠，双面胶。

1. 将五彩线对折，对折处留出一小段后，开始编蛇结。

2. 编出一小段蛇结。

3. 在余下的彩线上仔细贴上双面胶。

4. 将股线缠绕在双面胶的外面。

5. 将黑色串珠穿入线的尾端作为结尾装饰，即成。

随 空

风来疏竹，风过而竹不
留声；雁照寒潭，雁去而潭
不留影。事来而心始现，事
去心随空。

材料：一根 70 cm 长的红色
5 号线，一个藏银管。

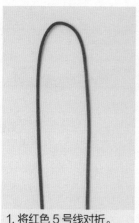

1. 将红色 5 号线对折。

2. 将对折处留出一小段
后，开始编金刚结。

3. 编好一段金刚结后，穿
入藏银管。

4. 穿好藏银管后，接着编
金刚结。

5. 编至合适长度后，打一
个纽扣结作为结尾。

6. 将多余的线头剪去，用
打火机烧黏，即成。

宿 命

　　这款曼妙的手链如同晨曦中绽放的花，每一抹艳丽都透着生机勃勃的气息，让人一眼便能感受到春日的温暖与活力。

材料：五个彩色铃铛，五个小铁环，一根 170 cm 长的 5 号线。

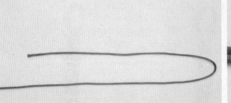

1. 将线对折，注意要一边长一边短。

2. 在对折处打一个单结，并留出一小段。

3. 长线在短线上打单向雀头结。编一段后，穿入已套上小铁环的铃铛。

4. 重复步骤 3，完成手链主体部分的编织。

5. 打一个纽扣结作为收尾，即成。

憾 事

青春将逝去，我却等不来你流盼的目光。

材料：两根不同颜色的 5 号线，两个不同颜色的小铃铛。

1. 在绿线上穿入两颗小铃铛，将铃铛穿至绿线的中间处。

2. 在穿铃铛处的下方打一个蛇结。

3. 将粉线从蛇结下方插入。

4. 开始编四股辫。

5. 编至适当长度后，将粉线打结，剪去多余线头，用打火机烧黏。

6. 用粉线在绿线的尾部打一段平结，注意不要将线头剪去。

7. 在绿线和粉线的尾端各打一个凤尾结作为结尾，即成。

红香绿玉

　　我要将有你的那段记忆串起，并刻上你的名字。

材料：五颗大高温结晶珠，四颗小高温结晶珠，四根100 cm长的玉线。

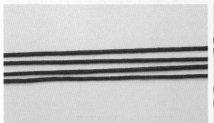

1. 准备好四根玉线。

3. 开始编玉米结，编至一定长度后，穿入一颗高温结晶珠，再继续编。

2. 用四根玉线打一个蛇结。

4. 按照步骤3完成手链主体部分的编织，在过程中共穿入五颗珠子。然后，在每两根线结尾穿一颗小高温结晶珠。

5. 用一段线打一个平结，将手链的首尾两端联结，即成。

浮 世

留人间多少爱，迎浮世千重变。和有情人，做快乐事，别问是劫是缘。

材料：一根五彩线，一根玉线，一颗圆珠子。

1. 准备好两根线。

2. 在两根线的中央编一段金刚结。

3. 编好后，如图所示，将其弯成一个圈，然后用外侧的两根红线以五彩线为中心线，编金刚结。

4. 编至一定长度后，再以红线为中心线，用五彩线编金刚结。

5. 重复步骤3、步骤4，编至合适的长度后，穿入一颗圆珠子。

6. 将尾端烧黏，即成。

将 离

　　四月暮春，芍药花开，别名将离。这盛世仅仅一瞬，却仿佛无际涯。

材料：一个胶圈，五颗绿松石，两根 120 cm 长的玉线。

1. 拿出准备好的玉线，将绿松石放入胶圈之内。

2. 用一根玉线穿起绿松石，并绑在胶圈之上。

3. 两根玉线分别从两个方向在胶圈上打雀头结。

4. 待玉线将胶圈完全包住后，用胶圈左右两边的线打蛇结。

5. 将蛇结打到合适的长度后，取一段线打平结，使手链的首尾相连。

6. 最后，在每根线的尾端分别穿入一颗绿松石，烧黏固定，即成。

我的梦

我要的不过是一个飘在天上的梦，和一盏亮在地上的灯。

材料：七颗黑珠，一根100 cm长的五彩线。

1. 拿出五彩线。

2. 将五彩线对折，在对折处留出一小段后，开始编金刚结。

3. 编好一段金刚结后，穿入一颗黑珠。

4. 重复步骤2和步骤3，编至合适的长度。

5. 最后，以一颗黑珠作为结尾，烧黏即成。

万水千山

素手执一杯，与君醉千日。将此杯饮尽，在这千日的温暖中，你与我携手，缓缓地经历这感情的万水千山。

材料：一根 80 cm 长的玉线，三颗木珠。

1. 将玉线对折。

2. 在对折处留出一小段后，开始编金刚结。

3. 编完一段金刚结后，穿入一颗木珠。

4. 编一个发簪结，注意将结抽紧。

5. 编完发簪结，再穿入一颗木珠，然后开始编金刚结。

6. 编完金刚结后，再穿入一颗木珠，烧黏即成。

峥 嵘

和时间角力，与宿命徒手肉搏，虽然注定伤痕累累，但谁也不会放弃生命这场光荣的出征。

材料：一根 110 cm 长的 4 号线。

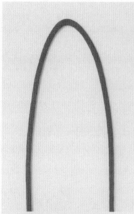

1. 将准备好的线对折。

2. 在对折处留出一小段，然后打一个纽扣结。

3. 在纽扣结下方 5 cm 处开始打金刚结。

4. 打好一段金刚结后，中间留出 5 cm 的距离，最后以纽扣结作结尾，即成。

缱绻

书被催成墨未浓，辗转难眠，内心情多，缱绻成墨，只肯为君写淡浓。

材料：三根粉色玉线，六根蓝色玉线，各150 cm，两颗白珠，双面胶。

1. 取三根粉色玉线，四根蓝色玉线，开始编方形玉米结。

2. 编至适宜的长度。

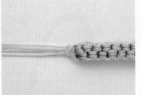

3. 用蓝线打一个蛇结。

4. 在左右两边的链绳上缠上双面胶。

5. 用同色的蓝线将两边的链绳缠上。

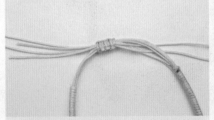

6. 缠好后，取一根蓝线，包住链绳的尾部打一段平结。

7. 最后，在尾线的末端分别穿入两颗白珠，烧黏即成。

一往情深

所谓一往情深，
究竟能深到几许呢?
耗尽一生情丝，舍却
一身性命，算不算?

材料：两种颜色的玉
线三根，方形玉石三
颗，小铃铛四个。

1. 先拿出两根蓝色
玉线作为底线。

2. 如图，用一根
绿色玉线在底线上
打双向平结。

3. 打好一段双向平结后，剪去多余的绿线。

4. 蓝线穿入一颗方形玉石，继续用绿线
打双向平结，打至与步骤2的双向平结
等大后，再穿入一颗方形玉石。

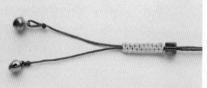

5. 在每根蓝线的末端穿入一颗小铃铛。

6. 最后，用绿线打双向平结，将手链联结起来，即成。

女儿红

那日，你启一坛封存十八载的女儿红。你可知，我心如酒色之澄澈，情却日渐浓烈。

材料：一根 80 cm 长的 5 号线，三根 160 cm 长的 5 号线。

1. 将四根线准备好。

2. 将 80 cm 长的线在中心处对折，留一小段后打一个双联结。

3. 在间隔 2 cm 处再打一个双联结。

4. 将三根 160 cm 长的线穿入两个双联结之间的空隙中。

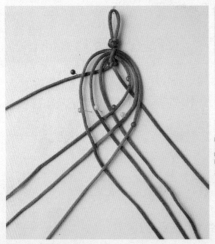

5. 在珠针的辅助下，将八根线相互交叉。

6. 两根中心线保持不动，其余六根线交叉编织，注意将结体抽紧。

7. 打一个双联结，将结体固定住。

8. 再打一个纽扣结。

9. 将纽扣结下方多余的线剪去，烧黏即成。

君不见

　　君不见，白云生谷，经书日月；君不见，思念如弹指顷，朱颜成皓首。

材料：不同颜色的玉线各两根，两根 30 cm 长，两根 60 cm 长，七颗塑料串珠。

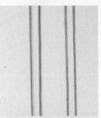

1. 准备好四根玉线，两种颜色。

2. 将 30 cm 长的玉线作为中心线，用另一种颜色的玉线在其上打平结。

3. 打好一段平结后，将线头剪去，烧黏。

4. 穿入一颗塑料串珠。

5. 重复步骤 2～步骤 4 两次后，再打一段平结，注意打平结的线颜色要交错。

6. 在每根线的尾端穿入一颗塑料串珠，并打单结固定。

7. 再用四根玉线打两段平结，最后将手链的首尾两端相连，即成。

随　风

　　随着风，徒步于原野，望云卷云舒，看日出日落，待明月如客，击缶而歌……

材料：不同颜色的玉线各两根，十颗白色串珠。

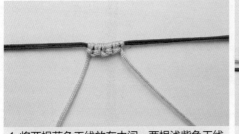

1. 将两根蓝色玉线放在中间，两根浅紫色玉线分别从两个方向在其上打一段雀头结。

2. 将一颗白色串珠穿入蓝线内，然后将蓝线绕过浅紫色的线，并打雀头结固定。

3. 重复步骤1和步骤2，完成手链的主体部分。

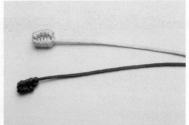

4. 在线尾处打凤尾结作为收尾。

5. 最后，取一小段浅紫色玉线打双向平结，将手链首尾相连，即成。

清如许

何处清如许，我身独如月。不问尘世险恶，只愿白首不相离。

材料：四颗透明塑料珠，一根100 cm长的玉线，两根50 cm长的玉线，三颗琉璃珠。

1.将两根50 cm长的玉线作为中心线。

2.用100 cm长的玉线在中心线上打平结。

3.打到一定长度后，穿入一颗琉璃珠，再接着打平结。

4.重复步骤2和步骤3，直到三颗琉璃珠穿完，再打一段平结后，将线头剪去，烧黏，并在中心线的尾端各穿入一个透明塑料珠。

5.最后，取一段线打平结，包住手链的首尾两端，使其相连，即成。

许 愿

一愿世清平，二愿身强健，三愿临老头，数与君相见。

材料：一根 150 cm 长的玉线。

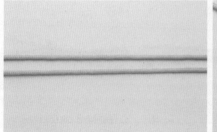

1. 将准备好的玉线对折。

2. 在对折处留出一小段后，开始编锁结。

3. 编至合适的长度。

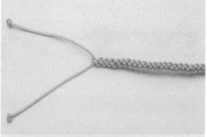

4. 将余下的线尾部分打单结。

5. 最后，取一段线打平结，将手链的首尾相连，即成。

似 水

剪微风，忆旧梦，沧海桑田，唯有静静看年华似水，将思念轻轻拂过……

材料：六颗银色金属珠，一根 70 cm 长的 5 号线，一个藏银管。

1. 将 5 号线对折。

2. 在对折处留出一小段后，打一个双联结。

3. 在间隔 3 cm 处再打一颗纽扣结。

4. 穿入一颗银色金属珠。

5. 再打一个纽扣结，再穿入一颗银色金属珠。

6. 再打一个纽扣结，穿入藏银管，再打一个纽扣结固定。

7. 重复步骤 3 ~ 步骤 5，直到完成手链的主体部分，最后打一个纽扣结作为结尾，即成。

朝 暮

　　若离别，此生无缘，不求衣锦荣，但求朝朝暮暮生死同。

材料：一段股线，一颗瓷珠，一根 60 cm 长的 5 号线，三个铃铛。

1. 准备好三个铃铛和一根 5 号线。

2. 将线对折后，在对折处留一小段后，打一个双联结。

3. 在双联结下方开始缠绕股线。

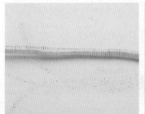

4. 将手链的主体部分全部缠绕上股线。

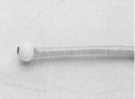

5. 在手链的尾端穿入一颗瓷珠后烧黏。

6. 将铃铛挂在手链上。

7. 将三个铃铛等间距地挂在手链上，即成。

我怀念的

你躲到了世风之外，远离了故事，而我已经开始怀念你，像怀念一个故人。

材料：不同颜色的5号线各两根，七颗大珠子，八颗小珠子。

1. 将两根同色线各编一个十字结。

2. 将一颗大珠子分别穿入两个结上的其中一根线，之后继续编十字结。

3. 重复步骤2，编至合适的长度。

4. 编两个十字结作为手链主体的结尾，并留出大约15 cm长的线。

5. 另取一段线，打平结将手链的首尾包住，使其相连。

6. 最后，在每根线上穿入一颗小珠子，烧黏即成。

缄 默

我们度尽的年岁，好像一声叹息，所有无法化解和不被懂得的情愫都不知与何人说，唯有缄口不言。

材料：两种不同颜色的玉线各四根，两颗塑料珠。

1. 准备好玉线。

2. 将三根同色玉线对折后，取出第四根玉线在其上打平结。打一段平结后，将玉线分成两股分别打平结，如图所示。

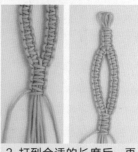

3. 打到合适的长度后，再把两股线合并起来打平结。

4. 取出另一种颜色的四根玉线，将三根线对折作为中心线，第四根在其上打平结。打平结的方法与步骤2相同。

5. 打至一定长度后，将其穿入之前不同颜色的结体中。

6. 其余的线继续打平结。

7. 重复上述步骤，编至合适的长度。最后在两种颜色的线尾各穿入一颗塑料珠，即成。

青 春

　　此刻的青春，像极了一首仓促的诗。没有节拍，没有韵脚，没有起承转合，瞬间挥就，也不需要传颂。

材料：三颗大孔瓷珠，两根 100 cm 长的皮绳。

1. 先拿出一根皮绳。

2. 将一根皮绳对折，在对折处留一小段后打一个蛇结。

3. 将另一根皮绳横置、插入其中。

4. 开始编四股辫。

5. 编至适当长度后，穿入一颗瓷珠。

6. 开始编圆形玉米结。

7. 编至适当长度后，再穿入一颗瓷珠。

8. 继续编圆形玉米结。

9. 穿入第三颗瓷珠。

10. 然后编四股辫。

11. 最后，打一个单扣，烧黏作为结尾，即成。

娇 羞

　　最是那一低头的温柔，像一朵水莲花不胜凉风的娇羞。

材料： 五颗扁形瓷珠，一根120 cm 长的七彩 5 号线。

1. 将七彩线和瓷珠都准备好。

2. 在七彩线一端20 cm 处打一个凤尾结。

3. 在相隔 3 cm 处再打一个凤尾结。

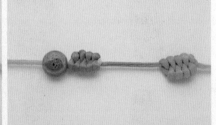

4. 穿入一颗瓷珠。

5. 再打一个凤尾结。

6. 再穿入一颗瓷珠。

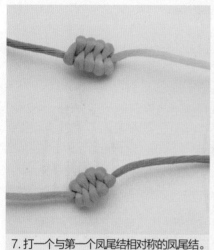

7. 打一个与第一个凤尾结相对称的凤尾结。

8. 在两根线的末尾各穿入一颗瓷珠。

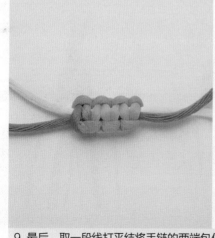

9. 最后，取一段线打平结将手链的两端包住，使其首尾相连，即成。

思　念

　　在思念的情绪里，纵有一早的晴光潋滟，被思念一搅和，也如行在黄昏，忘了时间。

材料：四根玉线，十颗大白珠，四十二颗塑料珠。

1. 准备好四根玉线。

2. 将其中三根玉线对折，作为中心线，余下一根玉线在其上打平结。

3. 用八根线编斜卷结，形成一个"八"字形。

4. 用中间的两根线编一个斜卷结。

5. 重复步骤4，连续编斜卷结，再次形成一个"八"字形。

6. 在中间的两根线上穿入一颗大白珠。

7. 在大白珠的周围编斜卷结，将其固定。

8. 在右侧第二根线上穿入一颗塑料珠。

9. 用右侧第二根线编斜卷结，并在右侧第一根线上穿入两颗塑料珠。

10. 在白球左侧重复步骤8和步骤9，将两侧的塑料珠都穿好后，继续编"八"字斜卷结。

11. 重复步骤6～步骤10，继续编结。

12. 编至合适的长度后，用最外侧的两根线在其余六根线上打平结，并将多余的线剪去，用打火机烧黏。

13. 另取一段线，打平结，将手链的两端包住，使其首尾相连，并在线尾穿入大白珠，烧黏即成。

尘　梦

　　如遁入一场前尘的梦，孑然行迹，最是暮雨峭春寒。

材料：八颗瓷珠，两根90 cm 长的 5 号线。

1. 用两根线编一个十字结。

2. 编好后，如图穿入一颗瓷珠。

3. 再编一个十字结后，继续穿入一颗瓷珠。

4. 重复步骤 2 和步骤 3，共穿入四颗瓷珠，编四个十字结。

5. 用一段线打平结，将手链的首尾两端包住。

6. 最后，在每根线的尾端都穿入一颗瓷珠，打单结，烧黏即成。

随 缘

让所有痛彻心扉的苦楚沦为回忆，此时天晴，且随缘吧。

材料：一根 70 cm 长的 4 号线。

1. 将准备好的线对折。

2. 在对折处留一小段，然后打一个纽扣结。

3. 间隔 7 cm，再打一个纽扣结。

4. 每相隔 1 cm，打一个纽扣结，共打两个。

5. 最后，间隔 7 cm 打一个纽扣结作为结尾。

无　言

　　一路红尘，有太多春花秋月，太多逝水沉香，青春散场，我们将等待下一场开幕。

材料：一根 60 cm 长的 5 号线，两根 150 cm 长的 5 号线。

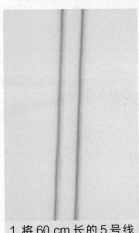

1. 将 60 cm 长的 5 号线对折。

2. 在其对折处留一小段，打一个双联结。

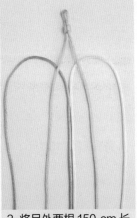

3. 将另外两根 150 cm 长的 5 号线如图所示摆放。

4. 另外两根线分别在中心线上打双向平结。

5. 注意图中线的走势。

6. 编到合适的长度。

7. 将多余的线头剪去后，烧黏，用中心线打一个双联结固定。

8. 再打一个纽扣结，作为手链的结尾。

9. 将线头剪去，烧黏即成。

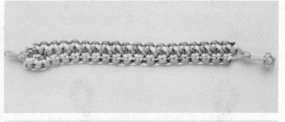

梦 影

心生万物，世间林林总总，一念成梦幻泡影，一念恍如隔世。

材料：一颗瓷珠，一根 150 cm 长的玉线，四根 100 cm 长的玉线。

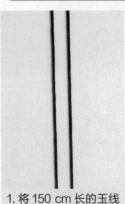

1. 将 150 cm 长的玉线对折成两根。

2. 在对折处留出一个小圈，开始编金刚结。

3. 编到合适长度后，将金刚结下方的两根线穿入顶端留出的小圈内。

4. 继续编金刚结。

5. 编好一段金刚结后，在其下方 3 cm 处打一个双联结。

6. 取出四根 100 cm 长的玉线，并排穿入金刚结和双联结之间的空隙中。

7. 在相隔 3 cm 处继续打双联结。接着，将四根玉线交叉穿过双联结之间的空隙中。

8. 共做出五个"铜钱"状花纹后，将末端烧黏连接。

9. 在"铜钱"下方继续编金刚结。

10. 编到合适长度后，将瓷珠穿入，并打单结将其固定，烧黏尾端，即成。

花 思

　　这样的季节，这样的夜，常常听到林间的花枝在悄悄低语："思君，又怕花落……"

　　材料：两根 60 cm 长的 5 号线，一颗瓷珠，两种不同颜色的股线。

1. 将两根 5 号线并在一起。

2. 在两根线的中央缠绕上一段股线。

3. 分别在两根 5 号线上缠上不同颜色的股线。

4. 用缠好股线的两根线编两股辫。

5. 将瓷珠穿至线的中心处。

6. 重复步骤 3 和步骤 4，将手链另一边也编好。

7. 最后，用一段股线将手链的两端缠绕在一起，即成。

天雨流芳

有一个地方，在千里之外，那里，天雨流芳，宝相严庄。

材料：三颗串珠，一根150 cm长的玉线。

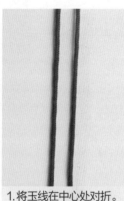

1.将玉线在中心处对折。

2.将对折处预留出一个小圈，然后开始编金刚结。

3.编好一段金刚结后，穿入一颗串珠。

4.穿入串珠后，打一个纽扣结。

5.再穿入一颗串珠，再打一个纽扣结，三颗串珠穿完后，打一段金刚结，与步骤2的金刚结左右对称，然后打一个纽扣结作为结尾。

6.将多余的线头剪去，烧黏即成。

至 情

　　途经人世，在踟蹰
步履间，看脚下萹草结根
并蒂，叹服草木竟如此深
谙人间的情致。

材料：一根 80 cm 长的 4
号线，一根 150 cm 长的
五彩线。

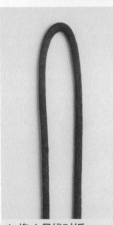

1. 将 4 号线对折。

2. 在对折处留一小段，打
一个双联结。

3. 在双联结下方 5 cm 处，用
五彩线在两根线上打平结。

4. 打到合适的长度后，在 4 号线的尾端打一个纽扣结作为结尾，烧黏即成。

花非花

花非花，梦非梦，花如梦，
梦似花，梦里有花，花开如梦。

材料：一根 150 cm 长的 5 号线。

1. 用准备好的线编一段两股辫。

2. 编好后，打一个蛇结，将两股辫固定。

3. 再打一个酢浆草结，注意要将耳翼抽
紧，再打一个蛇结，以示对称。

4. 然后编一个二回盘长结，注意不要将
耳翼拉出，再打一个蛇结固定。

5. 同步骤 3，打一个酢浆草结，再打一
个蛇结，然后编两股辫。

6. 最后，编好两股辫，打一个纽扣结作为结尾，烧黏即成。

晴 川

晴川是阳光照耀的河，也是风儿对心情的嘱托，牵挂着远方，别让心在风中散落。

材料：两根 5 号线，两颗瓷珠，三种不同颜色的股线。

1. 将两根 5 号线分别缠绕上不同颜色的股线。

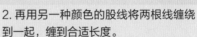

2. 再用另一种颜色的股线将两根线缠绕到一起，缠到合适长度。

3. 用两根缠绕好股线的 5 号线编两股辫。

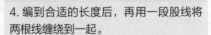

4. 编到合适的长度后，再用一段股线将两根线缠绕到一起。

5. 在线的两端各穿入一颗瓷珠。

6. 最后，用一段股线将手链的两端绑住，即成。

风 月

泪朦胧，人怅惘。闭月闲庭，凤鸣重霄九天宫苑，四壁楚钟声，泪落目已空。

材料：彩色饰带，双面胶，一根股线，一根 60 cm 长的 5 号线。

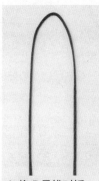

1. 将 5 号线对折。

2. 在对折处打一个纽扣结。注意，线的尾端要长短不齐。

3. 将尾端的线用打火机烧黏，形成一个圈。

4. 将双面胶粘在线的外面，注意底端留出套纽扣结的圈，然后在双面胶外面缠上股线。

5. 待股线缠好后，将线头都剪去，烧黏。

6. 剪下两段饰带，粘在手链的两端，一个镯式手链就完成了。

韶 红

问风，风不语，
风随花动；问花，花
亦不语，独自韶红。

材料：一颗瓷珠，七
根 150 cm 长的玉线。

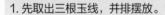

1. 先取出三根玉线，并排摆放。

2. 再取一根玉线，在三根玉线的中心处
系结。

3. 系好结后，将下端的线与右边的三根
线合并，编四股辫。

4. 编好四股辫后，打一个蛇结，将其固定。

5. 左边的三根线编一段三股辫，编到合
适长度后，再取出另一根线，在三股辫
左侧系结。

6. 同步骤 3，将下端的线跟左边的三根
线合并，开始编四股辫。

7. 编好后，打一个蛇结固定。

8. 将上端的两根线系在一起。

9. 再插入一根线，用四根线继续编四
股辫。

10. 编好后，打一个蛇结固定。

11. 另取一根线打秘鲁结，将编好的三个四股辫缠绕在一起。

12. 将多余线头剪去并烧黏，手链的主体
部分就完成了。

13. 在手链的末端穿入一颗瓷珠。

14. 将多余的线头剪去并烧黏，即成。

倾 城

何日黄粱？一朝君子梦，素颜明媚，泪落倾城。

材料：四颗藏银珠，一根 60 cm 长的 5 号线，一根 120 cm 长的蜡绳。

1. 先拿出 5 号线。

2. 将线在中心处对折，留出一小段后，打一个双联结。

3. 取出蜡绳，在双联结下方 5 cm 处打平结。

4. 打好一段平结后，穿入一颗藏银珠。

5. 重复步骤 4，直到完成手链主体部分。

6. 将多余的蜡绳剪去，用打火机烧黏。

7. 在与最后一个平结相隔 5 cm 处，再打一个双联结。

8. 在双联结下方 1 cm 处打一个纽扣结，将多余的线头剪去，即成。

江 南

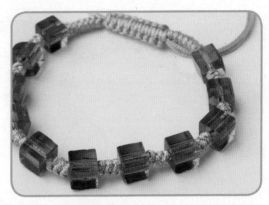

心儿悠游，却是梦中，眼见粉蕊娇红禾间草，纵是天堂亦不换。

材料：十三颗黄色水晶串珠，一根 120 cm 长的玉线。

1. 将玉线对折。

2. 在距线一端 20 cm 处开始打蛇结。

3. 打好七个蛇结后，穿入一颗水晶串珠，继续打蛇结。

4. 每打好三个蛇结就穿入一颗水晶串珠，直到穿入十一颗水晶串珠后，手链主体完成。

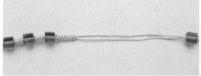

5. 在手链两端各穿入一颗水晶串珠。

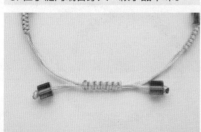

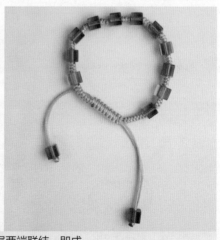

6. 最后，用一段玉线打平结，将手链首尾两端联结，即成。

星 月

　　待笙歌吹彻，偷偷听一听星月絮语，它们正悄悄地说着不离不弃的情话……

材料：两根 50 cm 的玉线，一根 120 cm 的玉线，六颗白珠。

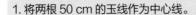

1. 将两根 50 cm 的玉线作为中心线。

2. 用 120 cm 的玉线在中心线上编单向平结。

3. 编到一定长度后，穿入一颗白珠，继续编单向平结。

4. 共穿入四颗白珠后，完成手链主体部分，将线头剪去，烧黏。

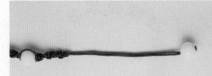

5. 在手链两端各穿入一颗白珠。

6. 最后，用一段线打平结，将手链的首尾两端联结，即成。

成 碧

暮色四合，几多钟鸣，去年人去，今日楼空，叹枯草成碧，碧又成青。

材料：两种不同颜色的玉线各两根，六颗方形塑料珠。

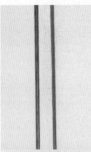

1. 将不同颜色的四根玉线准备好。

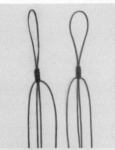

2. 将两根蓝色的玉线，一根作为中心线对折，另一根在中心线上打双向平结。红色玉线按同样的方法打结。

3. 打一段平结后，用一颗方形塑料珠将两段平结串联。

4. 继续打平结，先在蓝线最外侧的线上穿入一颗塑料珠，再在红线的最外侧线上穿入一颗塑料珠。

5. 继续打平结，然后再穿入一颗塑料珠，将蓝线和红线连在一起。

6. 将多余的线头剪去，烧黏。在作为中心线的蓝线和红线尾端各穿入一颗塑料珠。

7. 用一段线打平结，使手链的首尾相连，即成。

芙 蓉

　　芙蓉香透，胭脂红；韶华无限，风情几万种；醉色沉沉，青丝撩拨媚颜生。

材料：一颗大瓷珠，六颗小瓷珠，一根 100 cm 长的玉线，一根 220 cm 长的玉线。

1. 将 100 cm 长的玉线对折，作为中心线。

2. 用另一根玉线在中心线上打平结。

3. 编到适当长度后，穿入一颗小瓷珠，先打两个平结，再穿入一颗小瓷珠。

4. 继续打平结，当打到线的中心位置时，将大瓷珠穿入。

5. 重复步骤 2～步骤 4（穿入大瓷珠除外），编好手链的另一半，完成手链主体后，将多余线头剪去，用打火机烧黏。

6. 在中心线的两端分别穿入一颗小瓷珠，并打单结固定。

7. 最后，用一小段线打平结，将手链的首尾两端联结，即成。

断 章

瑟瑟风中，笛声呜咽，徒生白发。挥一挥长管，作别咫尺的离伤，地老与天荒。

材料：两根不同颜色的 5 号线，各 150 cm 长。

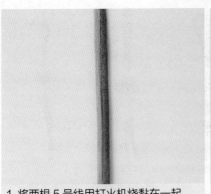

1. 将两根 5 号线用打火机烧黏在一起。

2. 打一个双联结，然后开始编金刚结。

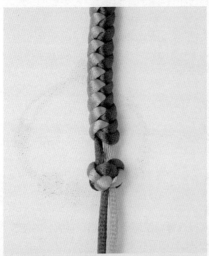

3. 编至适当长度后，打一个纽扣结作为结尾。

4. 将编完纽扣结后剩下的线剪去，烧黏即成。

落花意

　　秋风浓，吹落柔情一地。心是渡口，捻半瓣落花，摇曳成舟。

材料：股线，两根 60 cm 长的 5 号线，一根 180 cm 长的璎珞线。

1. 取出璎珞线。

2. 将璎珞线对折，在对折处留出一小段后，打一个双联结。

3. 在双联结下方5cm处连续打三个蛇结。

4. 然后，缠绕一段股线，编一个酢浆草结，再缠绕一段股线。

5. 然后编三个连续的蛇结。

6. 在与蛇结相隔5cm处，编一个纽扣结。

7. 将编好的纽扣结多余的线头剪去，再用打火机烧黏。

8. 用两根 5 号线编两个菠萝结，将编好的菠萝结套在中心处的股线上，即成。

初 秋

这个初秋，斑驳了时
光的倩影，徒留月下只影
寥寥，散落天涯……

材料：股线，双面胶，两
根 150 cm 长的 5 号线。

1. 将两根 5 号线准
备好。

2. 在 5 号线的一端粘上双面
胶，将股线缠在双面胶外面。

3. 缠完一段股线后，将两根
线分开，再分别缠上股线。

4. 缠完股线后，
隔一段距离开始编
双钱结。

5. 手链主体部分编
完后，将余线尾端
打单结相连。

6. 最后，用一段线打平结，将手链的首
尾相连，即成。

暮 雨

总是期待着会有那么一场雨，在暮色中任性飘洒，浇冷了脂玉般的心。

材料：两根 150 cm 长的玉线。

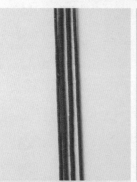

1. 将两根玉线对折。

2. 在对折处留出一小段后，打两个双线蛇结。

3. 将打结后的四根线分成两股，每股再编金刚结。

4. 编到适当长度后，将两股线合在一起，打一个纽扣结作为结尾，即成。

温　暖

孤独的孩子，如果阳光不能温暖你的忧伤，还有什么能打动你？

材料：一根 80 cm 长的 5 号线，两颗瓷珠，一颗藏银珠。

1. 先将一根 5 号线对折。

2. 在对折处留出一小段后，打一个双联结。

3. 然后开始编两股辫。

4. 编到适当的长度后，打一个双联结将其固定。

5. 穿入一颗瓷珠，在瓷珠的下方打一个纽扣结，将其固定。

6. 穿入一颗藏银珠，完成手链主体一半的编织，再完成另一半主体部分的编织。

7. 最后，打一个纽扣结，并将多余的线头剪去，烧黏即成。

风　舞

　　那缕青烟甩着水袖，踩着碎步，俨然闺阁丽人，迎风而舞。

材料：十颗印花木珠，一根60 cm长的玉线，一根100 cm长的玉线。

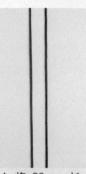

1. 将 60 cm 长的玉线作为中心线，对折。

2. 用另一根玉线在中心线上打平结。

3. 打一段平结后，如图所示，将中心线分开，分别打雀头结。

4. 分别在两根中心线上穿入一颗印花木珠，然后继续打三个雀头结，再继续打平结。

5. 重复步骤 3 和步骤 4，完成手链的主体部分。

6. 将多余的线头剪掉，用打火机烧黏。

7. 在中心线的两端分别穿入一颗印花木珠，并打单结固定。

8. 最后，用一小段线打平结，包住手链的首尾两端，即成。

零 落

　　一片枯黄的叶零落得没有声响，却见证了从枝丫到根蔓的萧然，沉淀了哲人般的内涵。

材料：一根 160 cm 长的扁线。

1. 将准备好的扁线对折。

2. 在对折处留出一小段后，打一个蛇结。

3. 接着打一个双钱结。

4. 再打一个蛇结。

5. 再打一个双钱结。

6. 重复步骤 4 和步骤 5，继续编结。

7. 完成手链主体部分的编织。

8. 再打一个双联结作为结尾。

9. 最后，剪掉多余线头，烧黏即成。

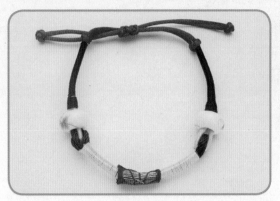

斑　驳

秋风乍起，见落叶萧萧，斑驳了一地的色彩，汇成一声叹息。

材料：三根璎珞线，两根6号线，一块饰带，两颗瓷珠，股线，双面胶。

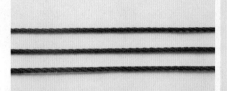

1. 准备好三根璎珞线。

2. 将三根璎珞线烧黏成三个圈。

3. 将三个璎珞线圈相套，并在线圈中间粘一段双面胶。

4. 将股线缠绕在线圈上。

5. 将饰带粘在中间贴双面胶处。

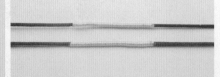

6. 取出两根6号线，在其上分别缠上一段股线。

7. 将缠绕好股线的 6 号线分别穿入线圈两端中。

8. 穿好后，分别在两端套入一颗瓷珠。

9. 再用一段股线将两根线缠绕在一起。

10. 缠好后，打一个蛇结将其固定。

11. 取一段线打平结，将首尾两端的线包住，使其相连。

12. 最后，在两根线的末尾打蛇结，即成。

萦 绕

萧疏季节，袅袅香烟绕着疏篱青瓦，戚戚鸟鸣和着晨景长歌，萧萧梧叶荡着清气碧痕。

材料：股线，一根五彩线，一颗黑珠。

1. 先取出准备好的五彩线。

2. 将五彩线对折，留出一小段后，编一段金刚结。

3. 在金刚结下方缠一段股线。

4. 继续编金刚结。

5. 重复步骤3和步骤4，编到合适的长度后，穿入一颗黑珠，剪去多余的线头，烧黏即成。

秋之舞

一派盛景，攒聚了舞动的风，而风儿的舞姿温润了秋的容颜。

材料：三根 80 cm 长的 5 号夹金线，两颗瓷珠，三块饰带，三种不同颜色的股线。

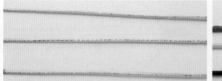

1. 准备好三根 5 号夹金线。

2. 分别在三根夹金线上缠绕不同颜色的股线。

3. 打蛇结将三根线两端相连。

4. 将三块饰带粘在三根线上。

5. 将中心那根线部分剪去烧黏，在余下两根线的两侧末端各穿入一颗瓷珠。

6. 最后，用一段线打平结，将手链的首尾相连，即成。

花想容

　　烟花易冷，韶华易逝，娇嫩的花终于不那么妩媚，在风中凋萎。

材料：十个彩色小铃铛，十个小铁环，两根 150 cm 长的 5 号线。

1. 将两根 5 号线对折，使之变成四根线。

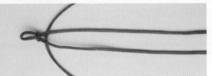

2. 在其中一根线的对折处，留出一小段后，打一个蛇结，另一根线从下方插入。

3. 开始编四股辫。

4. 编到适当长度后，结尾打一个纽扣结。

5. 将小铃铛用小铁环穿好，一个一个挂在手链上。

6. 将十个小铃铛等间距挂好后，即成。

红 药

寂寂花时，百俗争艳。有情芍药，无力诉说凄凉。

材料：八颗瓷珠，两根 150 cm 长的玉线。

1. 将两根玉线对折，使之变成四根线。

2. 预留出 20 cm 的距离后，打一个秘鲁结。

3. 将多余线头剪去、烧黏后，开始编四股辫。

4. 编到适当长度后，在中间的两根线上穿入一颗瓷珠。

5. 重复步骤 4，直到完成手链的主体部分，然后再打一个秘鲁结作为结尾。

6. 将尾端的线分为两组，每组穿入一颗瓷珠。

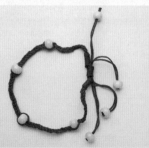

7. 最后，用秘鲁结将手链的首尾相联结，即成。

回眸

流年暗度，不知哪次不经意的侧身，抑或回眸，便能发现一片光景萧疏。

材料：五颗瓷珠，一根120 cm长的玉线。

1. 将准备好的玉线对折。

2. 在线的对折处留出一小段后，打三个竖双联结。

3. 在两根线上分别穿入一颗瓷珠。

4. 打一个横向双联结固定。

5. 留出一小段后，再打一个竖向双联结。

6. 再连打两个竖向双联结。

7. 再打一个横向双联结。

8. 在两根线上各穿入一颗瓷珠。

9. 最后，连打三个双联结，再穿入一颗瓷珠作为结尾，即成。

光 阴

每天都过得分外真实，真实到仿佛一伸手就能触到光阴的纹路。

材料：三颗青花瓷珠，一根 120 cm 长的 6 号线。

1. 将准备好的 6 号线对折。

2. 在 6 号线的中间部位编一个竖向双联结。

3. 在结的右侧编一个横向双联结，穿入一颗瓷珠，再编一个横向双联结，将瓷珠固定。

4. 在横向双联结的左侧，编一个竖向双联结。

5. 再编横向双联结，穿瓷珠，重复步骤 3，完成手链主体部分。

6. 在线的尾端打凤尾结。

7. 最后，用一段线打平结，将手链的首尾相连，即成。

秋 波

　　碧云天，秋色连波，
波上寒烟翠。

材料：两根不同颜色的 5
号线各 80 cm，两颗瓷珠，
四个小藏银管，一个大藏
银管，两颗金色珠，四颗
银色珠。

1. 准备好两根 5 号线。

2. 先打一个十字结。

3. 在一根线上穿入一个小藏银管，再打
一个十字结。

4. 再穿入一个小藏银管。

5. 再打一个十字结，穿入一颗瓷珠。

6. 打一个双联结，将瓷珠固定。

7. 编一个酢浆草结。

8. 穿入一颗金色珠。

9. 打一个纽扣结。

10. 穿入一个大藏银管。

11. 逆向重复步骤 2 ~ 步骤 9，完成手链主体的另一半。

12. 用一段线打平结，将手链首尾包住。

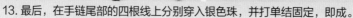

13. 最后，在手链尾部的四根线上分别穿入银色珠，并打单结固定，即成。

三生缘

　　三生缘起，前生的擦身，今生的眷恋，来生的承诺，长风中飘不散的缘尽缘续……

材料：三根玉线，一颗串珠，六种不同颜色的股线。

1. 准备好三根玉线。

2. 先拿出其中一根，在其上缠绕一段股线。

3. 将股线缠绕到合适的长度。

4. 再取一根玉线，缠上股线。

5. 取出第三根玉线，在其上穿入一颗串珠。

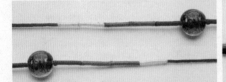

6. 在第三根玉线上缠上不同颜色的股线。

7. 将缠好股线的三根线放在一起。

8. 用一段股线将三根线缠在一起。

9. 取其中一根玉线打平结，将手链的首尾两端相连。

10. 最后，在每根线的尾端打单结，即成。

静 候

驿动的心默守在天涯，相约
的日子在静候中沉淀成梦。

材料：一根 60 cm 长的 3 号线，
三种不同颜色的股线，一颗瓷
珠，双面胶。

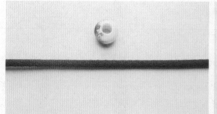

1. 准备好线和瓷珠。

2. 将 3 号线对折，用双面胶将两根线
粘住。

3. 先缠上一层黑色股线。

4. 然后在黑色股线中间缠
上一段蓝色股线。

5. 接着在蓝色股线中间缠
上一段红色股线。

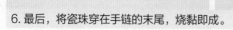

6. 最后，将瓷珠穿在手链的末尾，烧黏即成。

古朴爱恋

　　我们的爱，朴素、自然、纯净到底。

材料：两根不同颜色、长120 cm 的 5 号线，一个大藏银管，四个小藏银管。

1. 将两根线并排摆放。

2. 在距线头一段距离处打一个单结。

3. 两根线交叉编雀头结。

4. 编到一半后，穿入一个大藏银管。

5. 继续编雀头结。

6. 编到尾部，打一个单结作为结尾。

7. 在两根线的尾端各穿入一个小藏银管。

8. 最后，用一段线打平结，将手链的首尾相连，即成。

第四章

项
链
篇

君 影

你微微地笑着，不同我说什么话。而我觉得，为了这一刻，我已等待很久。

材料：两根玉线，五颗高温结晶珠，一个挂坠。

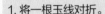

1. 将一根玉线对折。

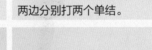

2. 在线的中心位置留出一段，在预留位两边分别打两个单结。

3. 打好单结后，在单结的外侧开始编金刚结，注意对称。

4. 编好金刚结后，分别在两侧穿入两颗高温结晶珠。

5. 穿好珠子后，分别在两侧打单结固定。

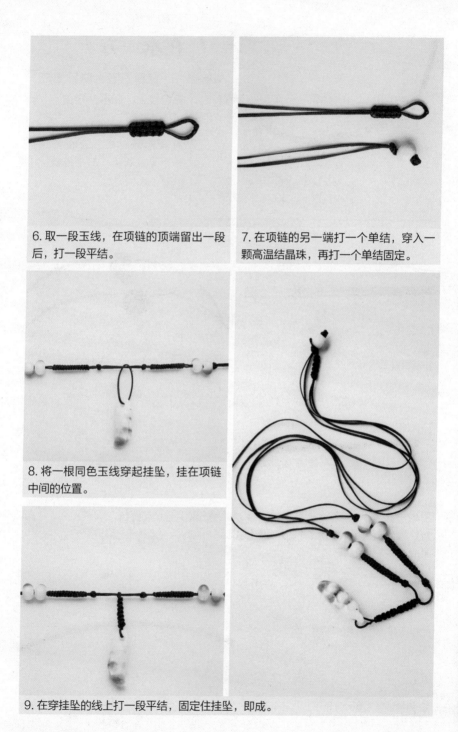

6. 取一段玉线，在项链的顶端留出一段后，打一段平结。

7. 在项链的另一端打一个单结，穿入一颗高温结晶珠，再打一个单结固定。

8. 将一根同色玉线穿起挂坠，挂在项链中间的位置。

9. 在穿挂坠的线上打一段平结，固定住挂坠，即成。

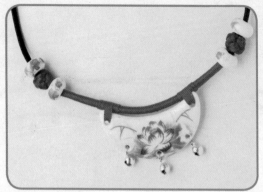

在水一方

绿草苍苍，白雾茫茫，
有位佳人，在水一方。

材料：三根6号线，两种不
同颜色的股线，五颗瓷珠，
一个瓷片挂坠，三个铃铛。

1. 准备好三根6号线。

2. 在两根线上分别编一个菠萝结。

3. 取出另一根线，在中心处对折，对
折处留出一小段后，用股线缠绕两根6
号线，将其完全包裹。

4. 拿出瓷片挂坠和铃铛。

5. 将铃铛穿入瓷片挂坠下方的三个孔内。

6. 在项链的中心处缠绕另一种颜色的股线。

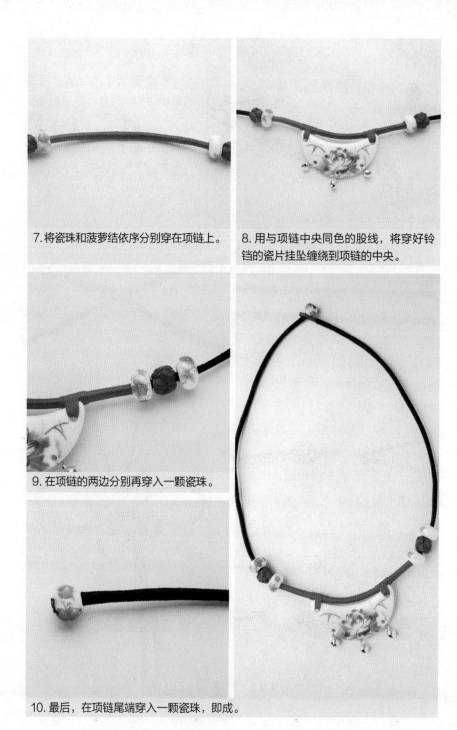

7.将瓷珠和菠萝结依序分别穿在项链上。

8. 用与项链中央同色的股线，将穿好铃铛的瓷片挂坠缠绕到项链的中央。

9. 在项链的两边分别再穿入一颗瓷珠。

10. 最后，在项链尾端穿入一颗瓷珠，即成。

飄落

　　翠水東流江川泛波，怎敵西風卷簾的世界裡，落葉飄飛。

材料：一根 50 cm 長的 5 號線，一根 220 cm 長的 5 號線，四顆大珠子，四顆小珠子。

1. 準備好兩根 5 號線。

2. 將其中一根線對折後，打一個蛇結。

3. 穿入一顆大珠，接著打金剛結。

4. 打一段金剛結後，再穿入一顆大珠子，繼續打金剛結。

5. 用另一根線打一個吉祥結。

6. 将吉祥结下方多余的线头剪去，用打火机烧黏成一个圈。

7. 将吉祥结的一端穿入项链中。

8. 另取一段线，在吉祥结上端的耳翼上打一段平结，将其固定，这时项链主体部分的一半就完成了。

9. 接下来，继续打一段金刚结，穿大珠子，再打一段金刚结，穿大珠子，并打蛇结作为结尾。

10. 另取一段线，打平结，将项链的首尾包住。

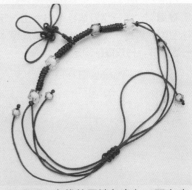

11. 最后，在线的尾端各穿入一颗小珠子，烧黏即成。

缠　绵

　　以我一生的碧血，为你在天际，染一次无限好的夕阳；再以一生的清泪，为你下一场白茫茫的大雪。

材料：一根 5 号线，六颗串珠。

1. 将线对折，在对折处留出一小段后，打一个双联结。

2. 在第一个双联结下方预留出一定的空位，连续打两个双联结。

3. 在第二、第三个双联结下方留出一定的空位，再打一个双联结，并单线穿入一颗串珠，打双联结固定。

4. 打一个纽扣结，穿入一颗串珠，接着再打一个纽扣结。

5. 重复步骤 3，直至完成项链的主体部分，然后在线圈末尾打一个双联结和纽扣结，即成。

绽 放

这款项链名曰"绽放"，它如同自然界中的绚烂花朵，在颈间散发着光彩与生机。

材料：一个牡丹花瓷片，两颗瓷珠，双面胶，两根 150 cm 长的蜡绳，一根咖啡色玉线。

1. 准备好两根蜡绳。

2. 将两根蜡绳分别穿入瓷片上端的两个孔内。

3. 用双面胶将两个线头黏合在一起。

4. 在双面胶上缠上咖啡色玉线。

5. 在两根蜡绳上分别穿入一颗瓷珠。

6. 在两颗瓷珠上分别打一个单结。

7. 在两根线的最末端互相打搭扣结，即成。

山 水

　　心如止水，不动如山，而山水却偿世人一处处巍峨、清喜。

材料：一个山水瓷片，两颗扁形瓷珠，一根 150 cm 长的蜡绳，一根 50 cm 长的玉线。

1. 将蜡绳对折。

2. 在对折处，间隔 5 cm 打两个单结。

3. 在单结两侧分别穿入一颗扁形瓷珠。

4. 在瓷珠两侧分别打一个单结，将瓷珠固定。

5. 在蜡绳中心处缠上双面胶，并用玉线缠绕。

6. 缠至 2 cm 处，将山水瓷片穿入后，继续缠绕。

7. 最后，将蜡绳两端互相打搭扣结，使其相连，即成。

宽 心

春有百花秋有月，夏有凉风冬有雪。若无闲事挂心头，便是人间好时节。

材料：一个小铁环，一个玉佛挂坠，两根 120 cm 长的玉线。

1. 准备好两根玉线。

2. 先在两根玉线的中间部位打一个纽扣结。

3. 间隔 3 cm 后，再打一个纽扣结。

4. 在两个纽扣结的外侧各打一个琵琶结。

5. 将用铁环穿好的玉佛挂坠挂在两个纽扣结中间。

6. 最后，将两侧尾端的线互相打单结，使得项链两端相联结，即成。

春光复苏

今年的花开了，复苏了春光，却苍老了岁月，只留下匆匆的痕迹。

材料：四颗青花瓷珠，一个瓷花，两根 170 cm 长的 7 号线。

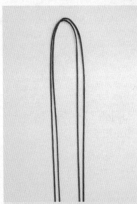

1. 将两根 7 号线并排对折。

2. 将瓷花穿入两根线的中央，并打双联结固定。

3. 再打好一个双联结后，在每两根线上穿入一颗瓷珠。

4. 在两颗瓷珠的上方分别打单结，将瓷珠固定好。

5. 每组线各打一个竖向双联结，注意左右对称。

6. 每组线再各打一个竖向双联结。

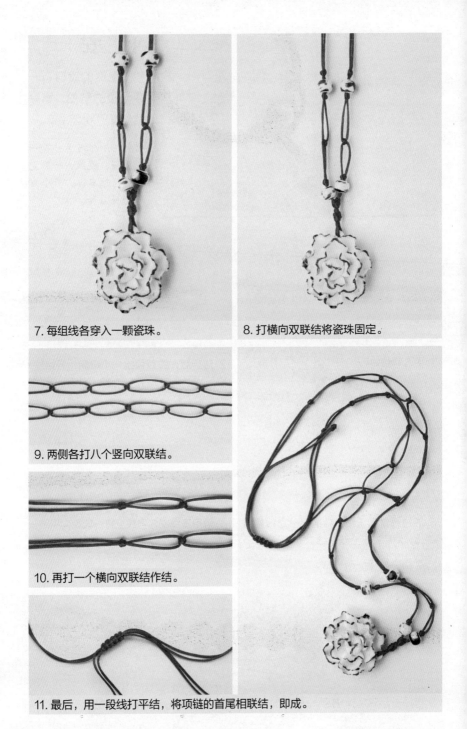

7. 每组线各穿入一颗瓷珠。

8. 打横向双联结将瓷珠固定。

9. 两侧各打八个竖向双联结。

10. 再打一个横向双联结作结。

11. 最后，用一段线打平结，将项链的首尾相联结，即成。

平　安

　　别离的渡口有一艘温暖的航船，默默地念着："祝你平安。"

材料：一根 5 号线，一根玉线，股线，一颗瓷珠，一颗木珠，一个方形平安挂坠。

1. 将 5 号线对折。

2. 对折后，线首留出一小段后，开始缠绕股线。

3. 股线缠绕到玉线一侧的五分之四处时停止，然后打一个双联结。

4. 再用玉线在 5 号线上打一段单向平结。

5. 再打一个双联结，并穿入一颗木珠。至此，项链主体部分的一半就完成了。

6. 重复步骤2～步骤5（穿入木珠除外），完成项链的另一半，并在尾端穿入一颗瓷珠。

7. 取一段5号线，在上面涂万能胶水，用股线缠绕，两端用热熔胶相接，做成一个线圈。

8. 拿出方形平安挂坠。取一段线，在其上缠绕一段股线。

9. 将步骤7做好的线圈，挂在木珠的两侧。

10. 将步骤8中缠好股线的线挂在线圈之上，并打双联结，将其固定。

11. 最后，将方形平安挂坠穿入线的下方，打单结后烧黏，即成。

沙 漏

时光的沙漏，漏得了光阴，却漏不掉过往。

材料：一根60 cm长的皮绳，一个瓷片挂坠，一个龙虾扣，一条铁环链，两个金属头。

1. 准备好皮绳。

2. 将瓷片挂坠穿入皮绳的中央。

3. 将铁环链和龙虾扣分别穿入金属头内，再用钳子将两个金属头扣入皮绳的两端。

4. 最后，将龙虾扣扣入铁环中，即成。

天 真

我喜欢你如同孩子般的天真，却心痛永远得不到你。

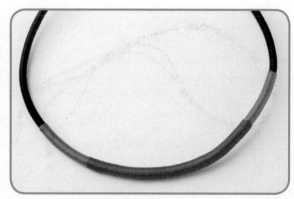

材料：一根 60 cm 长的 3 号线，一颗瓷珠，三种不同颜色的股线。

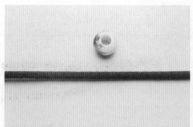

1. 准备好 3 号线和瓷珠。

2. 在线的一端穿入瓷珠，并将其烧黏固定。

3. 先在线上缠绕一层黑色股线。

4. 缠绕到另一端时，将尾端弯成一个圈。

5. 再缠上一段蓝色股线。

6. 最后，再缠上一层红色股线，即成。

渡　口

　　遥忆渡口处的幽诉琴音，低转缠绵，情绪里不自觉地染上了几分低沉的愁思。

材料：九颗高温结晶珠，一根 250 cm 长的璎珞线。

1. 准备好璎珞线。

2. 将璎珞线对折，留出一小段后，连续打两个蛇结。

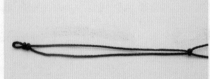

3. 在相隔 30 cm 处再打一个蛇结。

4. 在蛇结下方穿入一颗高温结晶珠。

5. 再打两个连续的蛇结。

6. 再打一个双钱结。

7.继续打双钱结，直至打完四个双钱结，然后在下方的一根线上穿入一颗高温结晶珠。

8.接着打一个双钱结，再在同一根线上穿入一颗高温结晶珠。重复此步骤，直至共穿入六颗高温结晶珠。

9.在项链右边同样连打四个双钱结，然后打一个蛇结，穿入一颗结晶珠，再打一个蛇结，项链的主体部分就完成了。

10.在相隔 30 cm 处，打两个蛇结。

11.穿入一颗结晶珠。

12.再打一个蛇结，固定结晶珠。最后将多余的线头剪去，烧黏即成。

清 欢

温一盏清茶，看着那被风干的青叶片在水里一片片展露开来，仿佛温暖的手掌。

材料：五根玉线，股线，一个胶圈，四颗绿松石。

1. 先取两根玉线作为中心线。

2. 再取一根玉线，穿入绿松石，并穿入胶圈内，然后在其上打雀头结。

3. 打雀头结直到将胶圈完全包住，项链坠就做好了，注意多余的线头不要剪去。

4. 在两根中心线上缠一段股线。

5. 在缠好的股线两端分别穿入一颗绿松石。

6. 另取两根玉线，分别在绿松石外侧的中心线上打单向平结。

7. 打完一段单向平结后，继续在中心线上缠股线。

8. 缠到中心线一端的末尾时，穿入一颗绿松石，并烧黏固定。

9. 在中心线的另一端，缠完股线后，打一个双联结，相隔 3 cm 处再打一个双联结。

10. 最后，将编好的项链坠挂在项链的中央，如图所示，另取玉线，在项链坠的上方打平结，将其固定，即成。

铭 心

　　有一种情，淡如一盏茶，亦足以付此一生，铭刻于心。

材料：一颗大瓷珠，四颗小瓷珠，一根 200 cm 长的璎珞线。

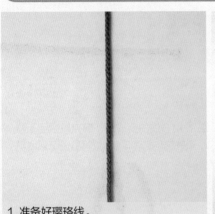

1. 准备好璎珞线。

2. 将璎珞线对折后，在对折处打一个吉祥结。

3. 在吉祥结上方打一个蛇结。

4. 如图所示，穿入一颗大瓷珠，注意两根线要交叉穿入大瓷珠。

5. 在大瓷珠的两侧分别打蛇结。

6. 打一小段蛇结后，穿入一颗小瓷珠。

7. 继续打蛇结，穿小瓷珠。

8. 在每根线的结尾打一个单结。

9. 另取一段线，打一段秘鲁结将两根线包住，使项链的首尾相连，即成。

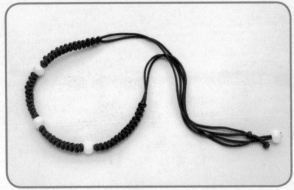

望 舒

　　苍穹之上有月初露，名曰望舒，普降月华于四野，母仪众星，彰显大爱。

材料：四颗瓷珠，一根160 cm 长的玉线。

1. 将准备好的玉线对折，使之成两股线。

2. 将一颗瓷珠穿入两根线的中央。

3. 在瓷珠的左右两侧分别打蛇结。

4. 右侧蛇结打到合适的长度后，再穿入一颗瓷珠。

5. 再继续打蛇结。

6. 在另一侧也穿入一颗瓷珠，再打蛇结。

7. 项链主体编好后，在一侧尾端穿入一颗瓷珠。

8. 在另一侧尾端打一个蛇结，相隔1 cm 再打一个蛇结，即成。

好运来

好运来，好运来，祝
你天天好运来。

材料：一颗瓷珠挂坠，两
颗小瓷珠，两根 120 cm 长
的玉线。

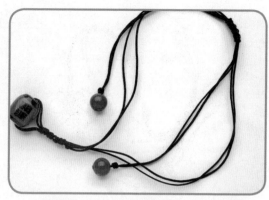

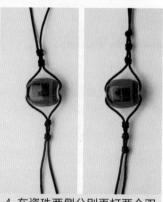

1. 准备好两根
玉线。

2. 将玉线交叉
穿过瓷珠挂坠。

3. 在瓷珠的两
侧分别打一个
双联结。

4. 在瓷珠两侧分别再打两个双
联结。

5. 在玉线尾端
打一个双联结。

6. 穿入一颗瓷
珠，剪去线头，
烧黏。

7. 最后，取一段玉线打平结，将两根线包住，使
其首尾相连，即成。

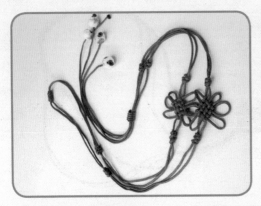

当 归

南飞的秋雁，寻着往时的秋痕，一去不返。

材料：四颗瓷珠，两根 200 cm 长的玉线。

1. 将两根玉线并排摆放。

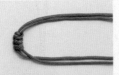

2. 在两根玉线的中心处打一段蛇结，在蛇结左右两边 10 cm 处，各打一段相同长度的蛇结。

3. 再次相隔 10 cm 打蛇结。

4. 在蛇结下方编一个二回盘长结，再打蛇结将其固定。注意两侧都要打蛇结，相互对称。

5. 在四根线的尾端各穿入一颗瓷珠，并打单结固定。

6. 最后，打一个秘鲁结，将项链的首尾两端相连，即成。

惜 花

花若怜，落在谁的指尖；
花若惜，断那三千痴缠。

材料：一个瓷片，两颗瓷珠，
三个铃铛，股线，一根150 cm
长的璎珞线，双面胶。

1. 准备好瓷片。

2. 将三个铃铛挂在瓷片的下方。

3. 将璎珞线对折，在对折后的璎珞线中
央粘上双面胶，并缠绕上一段股线。

4. 将瓷片缠绕到线的中央。

5. 在缠绕股线的上
方打一个单8字结。

6. 在单8字结上方穿入
一颗瓷珠，再打一个单
8字结。在缠绕股线的
另一边重复步骤5和步
骤6。

7. 最后，两根线互打搭扣结，使两
者相连，即成。

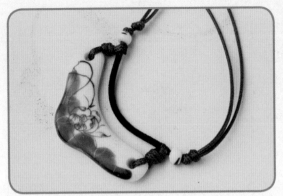

清 荷

　　滴绿的清荷荡曳在浅秋的风中，褪去了莲蕊的妖冶，面泛红霞。

材料： 股线，两颗瓷珠，一个瓷片，一根 150 cm 长的蜡绳，双面胶。

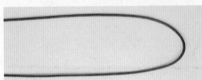

1. 将蜡绳对折。

2. 在中央处粘上双面胶，并缠绕上一段股线。

3. 在股线的两端各穿入一颗瓷珠。

4. 打单结将珠子固定。

5. 将瓷片取出，取两段蜡绳穿入瓷片上方的两个孔中打结。

6. 将瓷片系在缠绕好股线的蜡绳上。

7. 最后，两根线互相打搭扣结，使项链两端相连，即成。

繁　华

　　三千繁华，弹指刹那，百年过后，不过一抔黄沙。

材料：股线，一段饰带，一颗瓷珠，一根长 100 cm 的 5 号线。

1. 准备好 5 号线。

2. 将 5 号线对折，在对折处留出一小段后，打一个双联结。

3. 在对折后的两根线上缠绕股线。

4. 缠到末尾时，穿入一颗瓷珠。

5. 最后，如图所示，在项链的中间粘上一段饰带，即成。

墨 莲

　　水墨莲香，不求朝夕相伴，唯愿缱绻三生。

材料： 两颗瓷珠，一个瓷片，一根 100 cm 长的蜡绳，一根 15 cm 长的玉线，股线，双面胶。

1. 准备好蜡绳，在蜡绳中间偏右的位置打一个单结。

2. 穿入一颗瓷珠。

3. 留出 4 cm 的位置，在另一侧穿入一颗瓷珠，打一个单结。

4. 用蜡绳的一端在另一端上打一个搭扣结。

5. 蜡绳的两端互相打搭扣结，使得两端相连成圈。

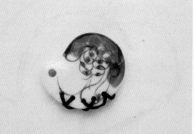

6. 准备好瓷片和玉线。

7. 将玉线缠绕在瓷片上。

8. 在蜡绳中央处粘上双面胶，然后缠上股线。

9. 股线缠到三分之一处时穿入瓷片，然后继续缠绕股线。

10. 将股线全部缠完，即成。

无 眠

　　夜凉如水，孤月独映，人无眠。

材料：股线，一个瓷花，一根 160 cm 长的玉线。

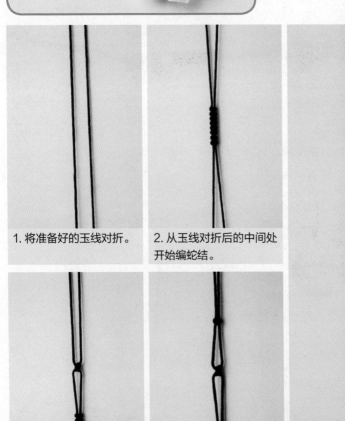

1. 将准备好的玉线对折。

2. 从玉线对折后的中间处开始编蛇结。

3. 编好一段蛇结后，打一个竖向双联结。

4. 再打一个蛇结。

5. 缠上一段股线。

6. 再打一个蛇结,此时项链的一半已经完成,按照相同步骤编织项链的另一半。

7. 编好后,取一段玉线,如图中所示挂在项链中间处,并打两个蛇结将其固定。

8. 将瓷花穿在玉线的下方,再打结将瓷花固定。

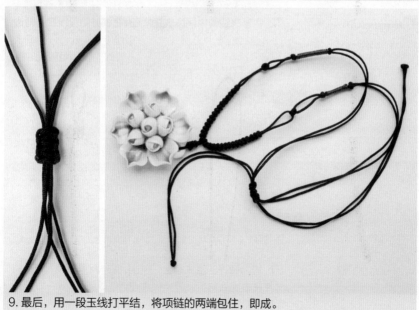

9. 最后,用一段玉线打平结,将项链的两端包住,即成。

花如许

　　阅尽天涯离别苦，不道归来，零落花如许，不胜唏嘘。

材料：两颗黑珠，一颗藏珠，两种不同颜色的股线，一根 120 cm 长的璎珞线，一根玉线，双面胶。

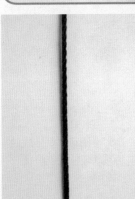

1. 准备好璎珞线。

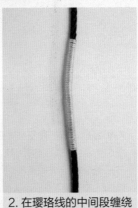

2. 在璎珞线的中间段缠绕一段股线。

3. 在缠好的股线左右两边相隔 6 cm 处，分别缠上一段双面胶，再缠绕股线。

4. 缠绕两小股股线。

5. 将准备好的玉线拿出，并在中间处对折，开始做项链的坠子部分。

6. 将一颗黑珠穿入对折的玉线。注意，要在对折处留出一个圈。

7. 再穿入藏珠。

8. 再穿入一颗黑珠。

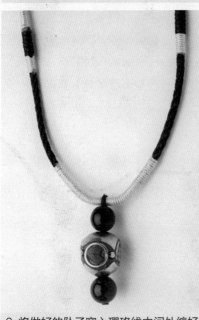

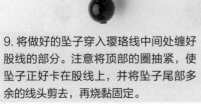

9. 将做好的坠子穿入璎珞线中间处缠好股线的部分。注意将顶部的圈抽紧，使坠子正好卡在股线上，并将坠子尾部多余的线头剪去，再烧黏固定。

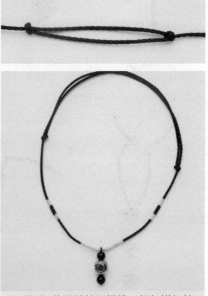

10. 最后，将尾端的两根线互相打搭扣结，使项链两端相连，即成。

人之初

没有人能够一直单纯到底，但要记得，无论何时都不要忘了最初的自己。

材料：七颗方形瓷珠，一根 300 cm 长的璎珞线。

1. 准备好璎珞线。

2. 在中间处对折，然后在顶端打一个纽扣结。

3. 在纽扣结上方穿入一颗方形瓷珠。

4. 然后再打一个纽扣结。

5. 穿入一颗瓷珠，再打一个纽扣结，然后将两根线交叉穿入一颗瓷珠中。

6. 将两根线拉紧，项链的坠子部分就完成了。

7. 在瓷珠左右的两根线上分别打一个单线纽扣结。

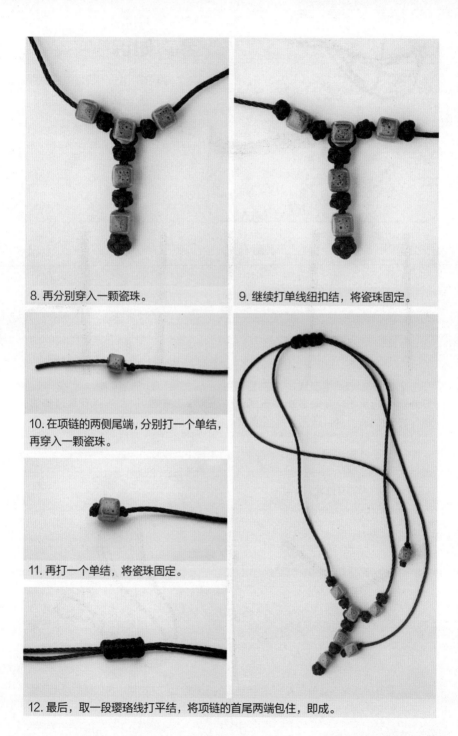

8. 再分别穿入一颗瓷珠。

9. 继续打单线纽扣结，将瓷珠固定。

10. 在项链的两侧尾端，分别打一个单结，再穿入一颗瓷珠。

11. 再打一个单结，将瓷珠固定。

12. 最后，取一段璎珞线打平结，将项链的首尾两端包住，即成。

琴声如诉

　　琴声中，任一颗心慢慢沉静下来，何惧浮躁世界滚滚红尘。

材料：一根 60 cm 长的璎珞线，四根 30 cm 长的玉线，股线，一个招福猫挂坠。

1. 将准备好的璎珞线作为中心线。

2. 取两根玉线，将其粘在璎珞线的一端，在两种线的连接处缠上一段股线。将璎珞线的另一端也做同样处理。

3. 接着用玉线打一个单结。

4. 在璎珞线的中间偏上方处，缠上两段股线。在璎珞线的另一端，同样缠上两段股线，注意两侧保持对称。

5. 取一根玉线，挂在璎珞线的中间处。

  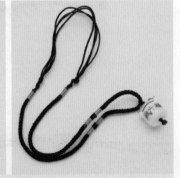

6. 将准备好的招福猫挂坠穿入挂在璎珞线中心处的玉线上。

7. 用结尾的玉线相互搭扣结，将项链的首尾两端相连，即成。

四月天

你是爱，是暖，是希望，
你是人间的四月天。

材料：一个瓷花，两颗瓷珠，
股线，一根150 cm长的5号
线，一根玉线。

1. 准备好5
号线。

2. 在5号线中间
处缠绕一段股线。

3. 在缠绕股线的两端
分别打一个琵琶结。

4. 将瓷花穿入玉线中，
打一个双联结，将瓷花
固定。

5. 然后，将瓷花挂在缠好的股
线中间，并打单结将其固定。

6. 在线的尾端各穿入一颗瓷珠
后，将线尾打结并烧黏。

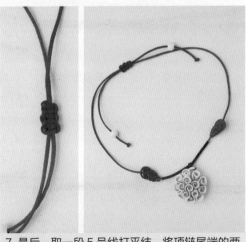

7. 最后，取一段5号线打平结，将项链尾端的两
根线包住，使其相连，即成。

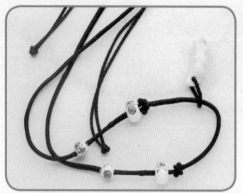

水 滴

以一滴水的平静，面对波澜不惊的人生。

材料：四颗瓷珠，一颗挂坠，股线，四根 100 cm 长的璎珞线。

1. 将两根璎珞线并排放置。

2. 在两根璎珞线的中央缠上股线。

3. 缠到适当长度后，分别在两根璎珞线上缠绕股线。

4. 缠至合适长度后，在分岔处打一个蛇结。

5. 将一颗瓷珠穿入两根璎珞线。

6. 继续在两根璎珞线上缠绕股线。

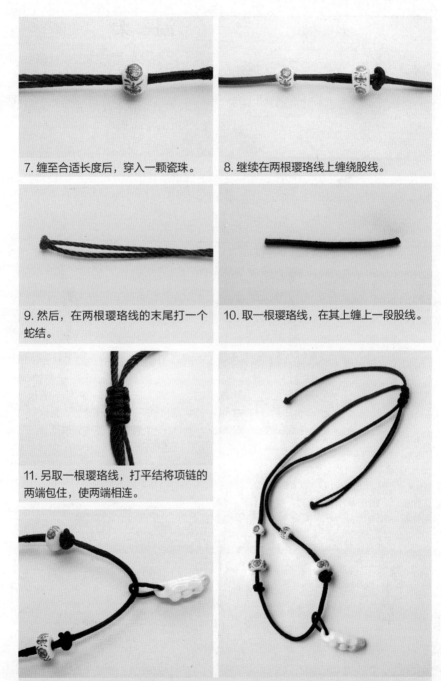

7. 缠至合适长度后，穿入一颗瓷珠。

8. 继续在两根璎珞线上缠绕股线。

9. 然后，在两根璎珞线的末尾打一个蛇结。

10. 取一根璎珞线，在其上缠上一段股线。

11. 另取一根璎珞线，打平结将项链的两端包住，使两端相连。

12. 将步骤10缠好股线的线挂在项链的中央，并挂上挂坠，最后用打火机烧黏，即成。

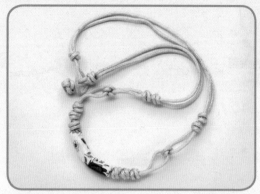

温 柔

给你倾城的温柔，祭我半世的流离。

材料：一个玫瑰弯管，一根160 cm 长的玉线。

1. 将玉线对折。

2. 在对折处留出一小段后，打一个双联结。

3. 在线的中间处打双联结。

4. 连打三个双联结，再打一个竖向双联结。

5. 穿入一个玫瑰弯管，再连打三个双联结。

6. 再打一个竖向双联结。

7. 再打两个双联结。

8. 最后，打一个双联结，再打一个纽扣结，即成。

第五章

发
饰
篇

锦 心

手写瑶笺被雨淋，模糊点画费探寻，纵然灭却书中字，难灭情人一片心。

材料：一颗珠子，一个别针，一根 40 cm 长的 5 号夹金线。

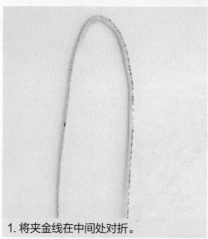

1. 将夹金线在中间处对折。

2. 编一个空心八耳团锦结。

3. 编好后，将线头剪去后烧黏，将珠子嵌入结体的中央。

4. 最后，将结粘在别针上，即成。

永 恒

予独爱世间三物：昼之日，夜之月，汝之永恒。

材料：一根 60 cm 长的扁线，一个别针，热熔胶。

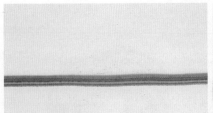

1. 准备好扁线。

2. 在扁线中间处编一个双钱结。

3. 再编一个双钱结。

4. 调整结形，使两个双钱结互相贴近，以适合别针的长度。

5. 最后，使用热熔胶，将结体与别针粘连，即成。

春 意

花开正艳，无端弄得
花香沾满衣；情如花期，
自有锁不住的浓浓春意。

材料：一颗珍珠串珠，一
个别针，一根 80 cm 长的
5 号夹金线。

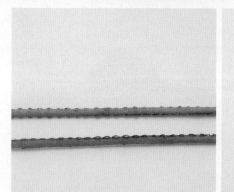

1. 将夹金线对折。

2. 编一个双线双钱结，注意在结体中间
留出空隙。

3. 将珍珠嵌入结体中间的空隙中。

4. 最后，用万能胶水将整个结体粘在别
针上，即成。

忘 川

楼山之外人未还。人未还，
雁字回首，早过忘川。抚琴之人
泪满衫，扬花萧萧落满肩。

材料：一颗白色珠子，一个别针，
一根 80 cm 的扁线，热熔胶。

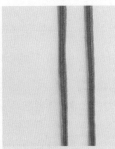

1. 将扁线对折。

2. 用对折后的扁线编一个
吉祥结。

3. 在编好的吉祥结中心嵌
入一颗白色珠子。

4. 将下方的线剪至合适的长度，用打火
机将其烧黏。胸针的主体部分就完成了。

5. 将别针准备好。

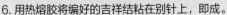

6. 用热熔胶将编好的吉祥结粘在别针上，即成。

唯　一

一叶绽放一追寻，一花盛开一世界，一生相思为一人。

材料：一个发夹，热熔胶，一根 50 cm 长的 4 号夹金线。

1. 准备好 4 号夹金线和发夹。

2. 用 4 号夹金线编一个发簪结。

3. 将结收紧到合适的大小，剪去线头，用打火机烧黏。

4. 用热熔胶将编好的发簪结粘在发夹上，即成。

春 晓

天若有情天亦老，此情难言，一声唤起，又惊春晓。

材料：一颗塑料珠，一段金线，一个发卡，一根 100 cm 长的 5 号线，热熔胶。

1. 准备好 5 号线。

2. 用 5 号线编一个鱼结，编好后，如图所示，将金线穿入其中。

3. 用万能胶水将一颗塑料珠粘在小鱼的头部当作眼睛。

4. 准备好发夹。

5. 用热熔胶将编好的结和发夹粘在一起，即成。

朝 云

　　殷勤借问家何处，不在红尘。若是朝云，宜作今宵梦里人。

材料：一个发夹，热熔胶，一根 50 cm 长的 5 号夹金线。

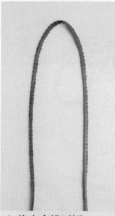

1. 将夹金线对折。

2. 对折时，注意要一边短，一边长，开始编琵琶结。

3. 编好琵琶结后，将线头剪去，烧黏。

4. 用热熔胶将编好的琵琶结粘在发夹上，即成。

小 桥

犹记得小桥上你我初见，柳叶正新，桃花正艳，笑声荡过小河弯，落日流连……

材料：一根 80 cm 长的 4 号夹金线，一个发卡，热熔胶。

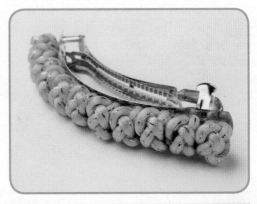

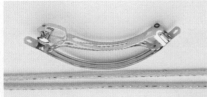

1. 准备好发卡和 4 号夹金线。

2. 将夹金线对折后，打纽扣结。

3. 继续打纽扣结至与发卡等长。

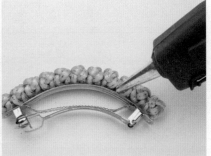

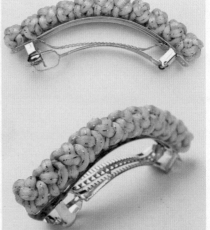

4. 用热熔胶将打好的纽扣结粘在发卡上，即成。

琵琶曲

情如风，意如烟，琵琶一曲过千年。

材料：一个发卡，两根 110 cm 长的 4 号夹金线，热熔胶。

1. 用一根夹金线编好一个琵琶结。

2. 用另一根夹金线打好一个纽扣结。

3. 接着，在纽扣结下面编一个琵琶结。

4. 整理好两个琵琶结的结形，剪去线头，烧黏，再扣在一起，一组琵琶结盘扣就做好了。

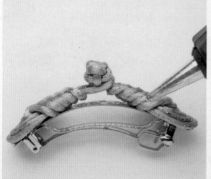

5. 用热熔胶将盘扣和发卡粘在一起，即成。

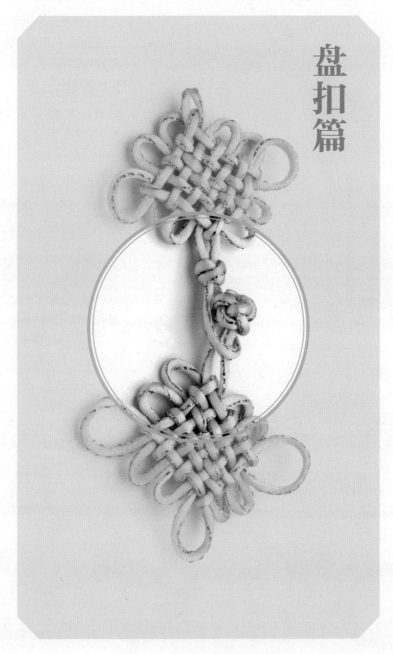

第六章

盘扣篇

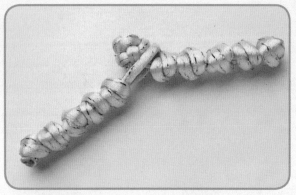

无尽相思

无情不似多情苦，一寸还成千万缕。天涯地角有穷时，只有相思无尽处。

材料：两根 80 cm 长的 5 号夹金线。

1. 将一根夹金线对折。

2. 在对折处留一小段后，打一个双联结。

3. 然后，连续打四个双联结，并将末尾的线剪去，烧黏。

4. 将另一根夹金线对折，然后打一个纽扣结。

5. 在纽扣结下方打一个双联结。

6. 继续打四个双联结，剪去末尾的线头，烧黏。

7. 最后，将两个结体相扣，即成。

一诺天涯

一壶清酒，一树桃花。不知，谁在说着谁的情话，谁又想去谁的天涯。

材料：两根 80 cm 长的 5 号线。

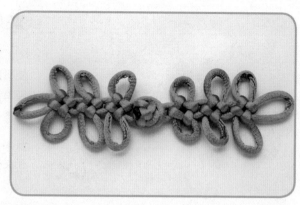

1. 取出一根 5 号线。

2. 将其对折，对折处留出一小段后，连续编三个酢浆草结。

3. 编好后，将末尾的线头剪至合适的长度，并用打火机将其烧黏成一个圈。

4. 取出另一根 5 号线，同步骤 3，将其对折后，编三个连续的酢浆草结。然后，在其尾部打一个纽扣结。

5. 将步骤 4 编好的纽扣结剪去多余线头，并用打火机烧黏。最后，将编好的两个结体相扣。

来生缘

泪滴千千万万行，更使人愁肠断。要见无因见，摒弃终难了。若是前生未有缘，待重结，来生缘。

材料：两根 100 cm 长的 5 号夹金线。

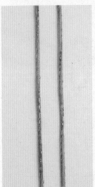

1. 将一根夹金线对折。

2. 在对折处留出一小段后，打一个双联结。

3. 在双联结下方打双钱结。

4. 继续打四个双钱结，打好后剪去线头，烧黏。

5. 取另一根夹金线，对折后，打一个纽扣结。

6. 在纽扣结下方打双钱结。

7. 继续打四个双钱结，打好后将线头剪去，烧黏。

8. 最后，将两个编好的结体相扣，即成。

痴 情

你一直在我的伤口中幽居，我放下过天地，却从未放下过你，我生命中的千山万水，任你告别。

材料：两根 100 cm 长的索线。

1. 取出一根索线。

2. 将其对折后，打一个纽扣结。

3. 在纽扣结下方编一个发簪结，编好后将多余的线头剪去，烧黏固定。

4. 取出另一根索线，对折后，在对折处留出一小段，打一个双联结。

5. 在双联结下方编一个发簪结。

6. 编好后，将多余的线头剪去，烧黏。

7. 最后，将两个编好的结体相扣，即成。

往事流芳

思往事，惜流芳，易成伤。拟歌先敛，欲笑还颦，最断人肠！

材料：两根 100 cm 长的 5 号夹金线。

1. 将一根夹金线对折。

2. 对折后，在对折处留出一小段后，打一个纽扣结。

3. 接着打纽扣结。

4. 连续打五个纽扣结后，将多余的线头剪去，烧黏。

5. 取出另外一根夹金线。对折后，直接打一个纽扣结。

6. 空出一点距离后，接着打纽扣结。

7. 连续打完五个纽扣结后，收尾，将线头剪去，烧黏。

8. 将两个编好的结体相扣，即成。

回　忆

　　我们总是离回忆太近，离自由太远，倒不如挣脱一切，任它烟消云散。

材料：两根60 cm长的璎珞线。

1.将一根璎珞线对折。

2.在对折处留出一小段后，打一个双联结。

3.在双联结下方编一个双线双钱结。

4.拿出另一根璎珞线，如图所示，对折后打一个纽扣结。

5.在纽扣结下方打一个双线双钱结。

6.将两个编好的结扣在一起，即成。

如梦人生

　　人生如梦，聚散分离，朝如春花暮凋零；几许相聚，几许分离，缘来缘去岂随心。

材料：两根 100 cm 长的 5 号夹金线。

1. 取出一根夹金线。

2. 将其对折，然后编成一个简式团锦结。

3. 编好后，打一个双联结。

4. 剪去多余的线头，用打火机将其烧黏成一个圈。

5. 取出另一根夹金线，同步骤 2，编一个简式团锦结。

6. 编好后，打一个纽扣结。

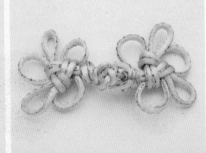

7. 将多余的线头剪去，烧黏后，再将两个结体相扣，即成。

时光如水

时光如水，总是无言。虽沐斜风细雨中，若你安好，便是晴天。

材料：两根5号夹金线。

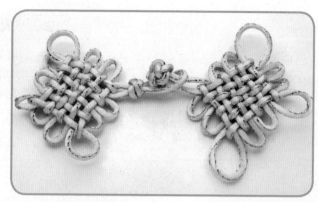

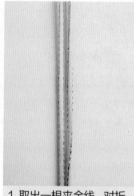

1. 取出一根夹金线，对折。

2. 在对折处留一小段后，先打一个双联结，后在其下编一个三回盘长结。

3. 将多余的线剪去，用打火机将其烧黏成一个圈。

4. 再取出另一根夹金线，编一个三回盘长结，然后在其上方打一个纽扣结。

5. 将编好的纽扣结上方多余的线头剪去，用打火机烧黏固定。

6. 最后，将编好的两个结体相扣，即成。

云 烟

我以为已经将你藏好了，藏得那样深，却在某刻，我发现，种种前尘往事早已经散若云烟。

材料：两根 100 cm 长的 5 号夹金线。

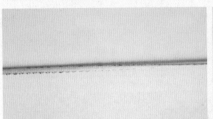

1. 取出一根夹金线。

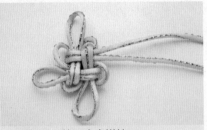

2. 对折后，编一个吉祥结。

3. 再编一个纽扣结。

4. 将纽扣结上多余的线头剪去，烧黏。

5. 取出另一根夹金线，编一个吉祥结。

6. 编好后，将多余的线头剪去，用打火机烧黏成一个圈。将两结相扣，即成。

第七章

耳环篇

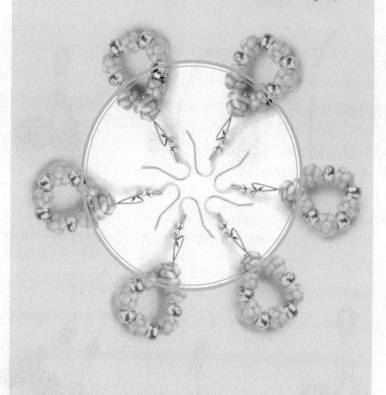

知 秋

　　那经春历夏的苦苦相守，内心的缱绻流连，终熬不过秋的萧瑟，任自己悄然而落。

材料：一对耳钩，两根 30 cm 长的 5 号线，两根 20 cm 长的玉线。

1. 取出一根 5 号线，对折。

2. 在线的两端各打一个凤尾结，并将成结拉紧，将两个结的线头剪去，并用打火机烧黏捏紧。

3. 取出准备好的玉线，在 5 号线上打一个双向平结，将两个凤尾结捆绑在一起。

4. 平结打好后，将多余的线头剪去，并用打火机烧黏固定。

5. 将耳钩穿入顶部线圈中，一只凤尾结耳环就完成了。另一只耳环的做法同上，即成。

结　缘

我别无他想，只愿与你在云林深处，结一段尘缘。

材料：两根玉线，两颗串珠，一对耳钩。

1. 将一颗串珠穿入玉线。

2. 然后打一个双钱结。

3. 将打好的双钱结抽紧，再打一个双联结固定。

4. 将多余的线头剪去，并用打火机烧黏。

5. 将耳钩穿入顶部线圈中，一只双钱结耳环就完成了。另一只耳环的做法同上，即成。

流　年

梧叶落遍，北燕南翔，赏不尽的风月，怀不尽的离人，望不尽的归路。

材料：一对耳钩，两根 30 cm 长的夹金线。

1. 将取一根夹金线，将其对折。

2. 编一个酢浆草结，小心地将结抽紧、固定（如需要，可使用胶水固定）。

3. 将结尾未连接的部分用打火机烧黏在一起。

4. 将耳钩挂在酢浆草结其中一个耳翼上，一只酢浆草结耳环就做好了。另一只耳环的做法同上，即成。

流 逝

宿命中的游离、澎湃的激情、精致的美丽，易碎且易逝。

材料：两根 80 cm 长的 6 号线，两颗青花瓷珠，一对耳钩。

1. 取出一根 6 号线。

2. 编一个简式团锦结。

3. 编好后，在结的下方穿入一颗青花瓷珠。

4. 将整个结体倒置，将线的尾部剪至合适的长度，用打火机烧黏成一个圈，最后穿入一个耳钩，一只耳环就做好了。另一只耳环的做法同上，即成。

锦 时

你要相信：你如此优秀，未来一定有人在某地等着你，会对你好。

材料：两根 30 cm 长的 7 号线，两颗大塑料珠，四颗黑色小珠，一对耳钩。

1. 取出一个耳钩，穿入一根 7 号线。

2. 打一个蛇结将耳钩固定。

3. 在蛇结下方打一个万字结。

4. 再打一个蛇结。

5. 再穿入一颗大塑料珠。

6. 打一个双联结将珠子固定。

7. 最后，在每根线上穿入一颗黑色小珠并固定好，一只耳坠就做好了。另一只耳坠的做法同上，即成。

泪珠

送你苹果会腐烂，送你
玫瑰会枯萎，只好给你我的
眼泪。

材料：一对耳钩，两根 30 cm
长的玉线，两颗白色小瓷珠。

1. 取一根玉线，对折后打
一个蛇结。

2. 继续打两个蛇结后，穿
入白色小瓷珠。

3. 继续打蛇结。

4. 打至适当的长度后，留出一段线，将
其系在适当第一个蛇结下方。

5. 将耳钩穿入顶部的线圈内，一只耳环就
做好了。另一只耳环的做法同上，即成。

夏　言

　　有谁知道，夏日的南方在树叶的墨绿中，在绵绵的潮湿里，无言地思念着冬日的北方……

材料：两根 40 cm 长的扁线，一对耳钩，两个小铁环。

1. 取出一根扁线，在对折处留出一小段后，打一个双联结。

2. 在双联结下方，开始编笼目结。

3. 编好后，将多余的线头剪去，然后用打火机烧黏。

4. 最后，将挂上小铁环的耳钩穿入双联结的上方，一只耳环就完成了。另一只耳环的做法同上，即成。

绿 荫

一点幽凉的雨，滴进我憔悴的梦里，会不会长成一树绿荫？

材料：一根 30 cm 长的黑色玉线，五根 30 cm 长的 5 号线，一对耳钩，两个小铁环。

1.用5号线编五个纽扣结，注意每个纽扣结的上端要留出一个圈。

2. 将黑色玉线对折。

3. 将编好的纽扣结穿入黑色玉线中。

4. 在黑色玉线的上端打凤尾结后，用打火机烧黏。

5. 在打好的凤尾结前端穿入小铁环、耳钩，一只耳环就做好了。另一只耳环的做法同上，即成。

岁 月

　　他们说，岁月会抚平各种各样的伤痛，他们却不知，岁月也会蚕食掉这样那样的真情。

材料：两根 50 cm 长的 6 号线，一对耳钩，热熔胶。

1. 取出一根 6 号线。

2. 用这根 6 号线的一半编两股辫。

3. 再用这根 6 号线的另一半打一个纽扣结。

4. 用热熔胶将两股辫和纽扣结粘连。

5. 最后，在两股辫的顶端穿入耳钩，一只耳坠就做好了。另一只耳坠的做法同上，即成。

刹那芳华

轻吟一句情话，执笔一幅情画。绽放一地情花，覆盖一片青瓦。

材料：两根5 cm长的3号线，两根9针，一对耳钩，三种不同颜色的股线。

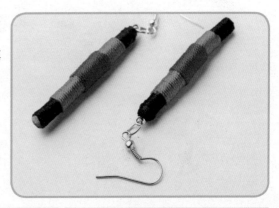

1.取一根9针穿入3号线的一端。

2.在3号线上缠绕上黑色股线。

3.在黑色股线中间缠绕一段蓝色股线。

4.在蓝色股线中间缠绕一段红色股线。

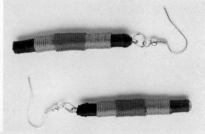

5.将耳钩穿入9针内，一只耳环就完成了。另一只耳环的做法同上，即成。

蓝色雨

开始或结局已不重要，纵使我还在原地，那场蓝色雨已经远离。

材料：两根 50 cm 长的 6 号线，八颗银色串珠，两根珠针，两个花托，一对耳钩。

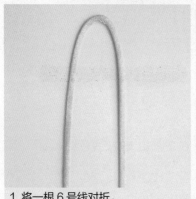

1. 将一根 6 号线对折。

2. 在对折处留出一小段后，打一个纽扣结。

3. 在纽扣结下方穿入一颗串珠。

4. 然后，打一个纽扣结，再穿入一颗串珠，共打五个纽扣结，穿入四颗串珠。最后，稍稍留出一小段后，再打一个纽扣结。

5. 将最后一个纽扣结穿入顶端的线圈内，使得耳环主体部位相连。

6. 从相连的纽扣结下方插入一根珠针。

7. 在珠针上套入一个花托。

8. 将珠针的尾部弯成一个圈。

9. 将耳钩穿入针圈中，一只耳环就做好了。另一只耳环的做法同上，即成。

荼蘼

天色尚早，清风不燥，繁花未开至荼蘼，我还有时间，可以记住你的脸、你的眉眼……

材料：两根 120 cm 长的 5 号线，两颗白珠，一对耳钩。

1. 取一根 5 号线编一个琵琶结，将多余的线头剪去，烧黏。

2. 用万能胶水将一颗白珠粘在琵琶结下部的中央。

3. 将耳钩挂在琵琶结的顶端，一只耳环就完成了。另一只耳环的做法同上，即成。

独 白

走到途中才发现，我只剩下模糊的记忆，和一条不归路。

材料：两根 30 cm 长的 5 号线，两颗金属珠，两颗高温结晶珠，一对耳钩。

1. 将耳钩穿入5号线内。

2. 打一个单结将耳钩固定，在单结下方3 cm处打一个十字结。

3. 在十字结下方的两根线上分别穿入一颗金属珠。

4. 再打一个十字结，将金属珠固定。

5. 在十字结下方的两根线上，分别穿入一颗高温结晶珠。

6. 打单结将高温结晶珠固定，一只耳环就完成了。另一只耳环的做法同上，即成。

山桃犯

　　山桃的红，一路泼辣地红下去，犯了青山绿水，搅了如镜心湖。

材料：两根 80 cm 长的玉线，四颗玛瑙串珠，两颗木珠，四颗黑珠，一对耳钩。

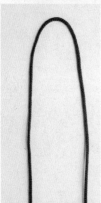

1. 将一根玉线在中间处对折。

2. 将一个耳钩穿入玉线。

3. 打一个双联结，将耳钩固定。

4. 穿入一颗玛瑙串珠。

5. 打一个纽扣结，将玛瑙串珠固定。

6. 另取一根线打一个菠萝结，穿入纽扣结的下方。

7. 再打一个纽扣结，将菠萝结固定。

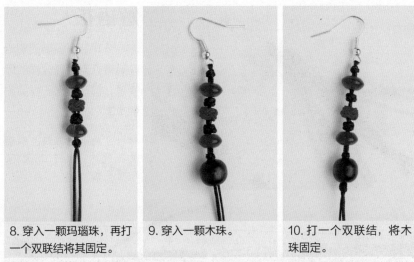

8. 穿入一颗玛瑙珠，再打一个双联结将其固定。

9. 穿入一颗木珠。

10. 打一个双联结，将木珠固定。

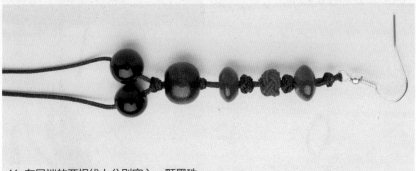

11. 在尾端的两根线上分别穿入一颗黑珠。

12. 最后，打单结将黑珠固定，一只耳环就做好了。另一只耳环的做法同上，即成。

解语花

　　一串挂在窗前的解语花风铃，无论什么样的风吹过，都能发出一样清脆的声音……

材料：两束流苏线，两颗青花瓷珠，两个小铁环，一对耳钩。

1. 取一束准备好的流苏线。

2. 取一根流苏线将整束流苏线的中间系紧。

3. 将系流苏的线拎起，穿入一颗青花瓷珠，作为流苏头。再将系流苏的线剪到合适的长度，用打火机烧黏成一个圈。

4. 将耳钩穿入小铁环，穿入顶部的线圈内，再将流苏底部的线剪齐，一只耳环就做好了。另一只耳环的做法同上，即成。

香雪海

繁花落尽，但我心中仍
然听见花落的声音，一朵一
朵，一树一树，落成一片香
雪海。

材料：一对耳钩，两根 30 cm
长的 4 号线，两颗大孔瓷珠。

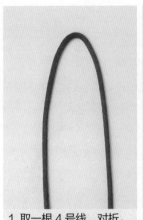

1. 取一根 4 号线，对折。

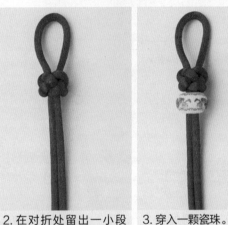

2. 在对折处留出一小段
后，打一个纽扣结。

3. 穿入一颗瓷珠。

4. 将多余线头剪去，用打
火机烧黏，将瓷珠固定。

5. 在顶部穿入耳钩，一只耳环就完成了。另一只耳环的
做法同上，即成。

不羁的风

　　我回来寻找那时的梦，却看到，不羁的风终变成被囚禁的鸟。

材料：两根 80 cm 长的 5 号夹金线，两颗瓷珠，一对耳钩。

1. 取出一根 5 号夹金线。

2. 将耳钩穿入 5 号线中。

3. 打一个双联结将耳钩固定。

4. 在双联结下方编一个二回盘长结。

5. 在二回盘长结的下方穿入一颗瓷珠，剪去多余的线头，用打火机烧黏，将瓷珠固定，一只耳环就完成了。另一只耳环的做法同上，即成。

乐未央

初春的风，送来一阵胡琴声，这厢听得耳热，那厢唱得悲凉。

材料：两根细铁丝，两根 30 cm 长的 5 号线，两块饰带，一对耳钩，两个小铁环，双面胶。

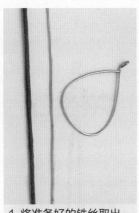

1. 将准备好的铁丝取出，用钳子将铁丝弯成图中所示的形状。

2. 在铁丝上粘上双面胶，然后将 5 号线缠绕在铁丝上。

3. 缠绕完之后的样子如图所示。

4. 将耳钩穿上小铁环，然后挂在铁丝顶端的圈里。

5. 最后，将饰带粘在耳环的下方，一只耳环就完成了。另一只耳环的做法同上，即成。

迷迭香

　　留住所有的回忆，封印一整个夏天，献祭一株迷迭香。

材料：四根不同颜色的玉线，一对耳钩，八个小藏银管。

1. 将两根不同颜色的玉线并排放置。

2. 将耳钩穿入两根玉线的中间。

3. 打一个蛇结，将耳钩固定。

4. 在蛇结下方，编一个吉祥结。

5. 将吉祥结下方的四根线剪短，然后在每根线上穿入一个藏银管，一只耳环就完成了。另一只耳环的做法同上，即成。

流 云

如一抹流云，说走就走，不为谁而停留，这是我的故事。

材料：两根80cm长的玉线，两颗瓷珠，四颗玛瑙珠，一对耳钩，两个小铁环。

1. 准备好所需材料。

2. 将玉线对折，在对折处留出一小段后，打一个藻井结。

3. 在藻井结下方穿入一颗瓷珠。

4. 在瓷珠下方打一个双联结，然后在两根线上分别穿入一颗玛瑙珠。

5. 最后，打单结将玛瑙珠固定，烧黏尾端，一只耳环就做好了。另一只耳环的做法同上，即成。

圆　舞

　　有一种舞蹈叫作圆舞，只要不停，无论转到哪里，终会与他相遇。

材料：一对耳钩，两个胶圈，两个小铁环，两根 100 cm 长的玉线，两颗绿松石。

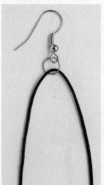

1. 先取一个耳钩和一个小铁环，穿入一根玉线内。

2. 打一个蛇结，将耳钩固定。

3. 在一根玉线上穿入一颗绿松石。

4. 将一个胶圈穿入同侧玉线内，并套住穿好的绿松石。

5. 用两根玉线分别在胶圈上打雀头结，将胶圈包住。

6. 将多余的线头剪去，烧黏，一只耳环就做好了。另一个耳环的做法同上，即成。

第八章

戒指篇

相思成灰

独自一个人，盛极，相思至灰败。

材料：一根 30 cm 长的 5 号线。

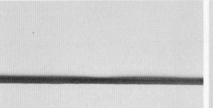

1. 准备好 5 号线。

2. 将 5 号线对折，编一段两股辫。

3. 编到合适长度后，打一个蛇结，将两股辫固定。

4. 再打一个双联结作为结尾。

5. 最后，将线头剪去，烧黏后首尾相连，即成。

蓝色舞者

她们，踮着脚尖，怀揣着一个斑斓的世界，孑然独行……

材料：一根 80 cm 长的玉线，四颗塑料珠。

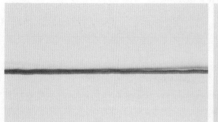

1. 准备好的玉线。

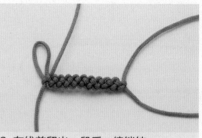

2. 在线首留出一段后，编锁结。

3. 编到合适长度后，将线抽紧。

4. 用两端的线打一个蛇结，使其首尾相连。

5. 最后，在每根线的末端穿入一颗塑料珠，烧黏即成。

刹那无声

　　回首一刹那，岁月无声，安静得让人害怕，原来时光早已翩然，与我擦身而过。

材料：一根 30 cm 长的玉线，一个小藏银管。

1. 将玉线对折后，剪断，使其成两根线。

2. 将小藏银管穿入两根玉线内。

3. 在藏银管两侧分别打蛇结。

4. 两侧都编到适当长度后，用一段线编一个秘鲁结，将戒指的两端相连。

5. 将多余的线头剪掉，烧黏即成。

花 事

愿成为一朵小花，轻轻浅浅地开在你必经的路旁，为你撒一路芬芳……

材料：一颗水晶串珠，一根 60 cm 长的 7 号线。

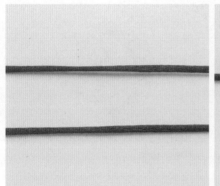

1. 将 7 号线对折，使其成两根线。

2. 开始编锁结。

3. 编至合适的长度后，将锁结收紧。

4. 将水晶串珠穿入锁结末端的线内，再将末端的线穿入锁结前端的线圈内，将多余的线头剪去，烧黏固定，即成。

宿 债

我以为宿债已偿，想要忘记你的眉眼，谁知，一转头，你的笑兀自显现。

材料：两根 4 号夹金线。

1. 准备好一根 4 号夹金线。

2. 编好一个双线双钱结后，将多余的线头剪去，烧黏。

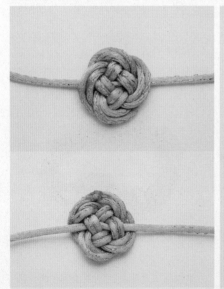

3. 取出另一根 4 号夹金线，从编好的双线双钱结的下方穿过。

4. 将第二根 4 号夹金线烧黏成一个圈，即成。

如 酒

寂寞浓如酒，令人微醺，却
又有别样的温暖落在人心。

材料：一根 20 cm 长的 5 号线，一
根 10 cm 长的玉线，一根 40 cm 长
的玉线。

1. 准备好 5 号线。

2. 编一个纽扣结，将结抽紧，剪去线头，
烧黏。

3. 将 10 cm 长的玉线对折，穿入编好的
纽扣结的下方。

4. 待玉线穿入纽扣结后，将两头烧黏。

5. 用另一根 40 cm 长的玉线在烧黏成圈
的玉线上打平结，最后，将线头剪去，
烧黏即成。

远　游

　　大地上的青草，像阳光般蔓延，远游的人啊，你要走到底，直到和另一个自己相遇。

材料：一根 10 cm 长的玉线，一根 30 cm 长的玉线，一颗串珠。

1. 准备好 10 cm 长的玉线。

2. 将 10 cm 长的玉线穿入串珠。

3. 将 10 cm 长的玉线烧黏成一个圈。

4. 用 30 cm 长的玉线在 10 cm 长的玉线上打平结。

5. 最后，将线头剪去，烧黏即成。

倾 听

像这样静静地听，像河流凝神倾听自己的源头；像这样深深地嗅，直到有一天知觉化为乌有。

材料：一根 60 cm 长的 5 号夹金线。

1. 将 5 号夹金线对折。

2. 在对折处留出一小段后，开始编双钱结。

3. 编到合适的长度后，将结尾的两根线穿入线首的圈内，使其形成一个指环。

4. 将穿入圈中的两根线再次穿过线首的圈内，并将线拉紧，使指环固定。

5. 最后，将多余的线头剪去，烧黏即成。

七　月

　　七月，喜欢白茉莉花的清香，七月的孩子背着沉重的梦，跳着生命的轮舞。

材料：一颗玛瑙串珠，一根 10 cm 长的玉线，一根 30 cm 长的玉线。

1. 将 10 cm 长的玉线穿入玛瑙串珠中。

2. 将 10 cm 长的玉线烧黏成一个圈。

3. 用 30 cm 长的玉线在 10 cm 长的玉线上打单向平结。

4. 最后，将多余的线头剪去，烧黏即成。

经 年

往事浓淡，经年悲喜，清如风，明如镜。

材料：四颗方形水晶串珠，一根10 cm长的玉线，一根40 cm长的玉线。

1. 准备好10 cm长的玉线。

2. 将四颗水晶串珠穿入线内。

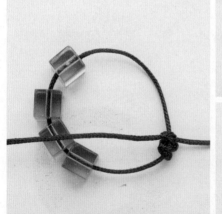

3. 将10 cm长的玉线烧黏成一个大小合适的圈，接着用40 cm长的玉线在刚做好的线圈上绕圈打平结。

4. 当平结将线圈全部包住后，剪去多余线头，烧黏即成。

婉 约

　　我的温柔，我的体贴，都不如你想象的那样婉约。

材料：一根 10 cm 长的 3 号线，黑、蓝、红三种颜色的股线。

1. 准备好 3 号线。

2. 将 3 号线烧黏成一个圈。

3. 在做好的线圈上面缠绕一层黑色股线。

4. 再缠绕一段蓝色股线。

5. 最后，在蓝色股线中间缠绕一段红色股线，即成。

第九章

吊
饰
篇

盛 世

　　江山如画，美人如诗，岁月静好，现世安稳，与你携手天涯。

材料：一颗扁形瓷珠，两颗小瓷珠，一根 120 cm 长的 5 号线。

1. 取出 5 号线，先编一个绣球结。

2. 编好绣球结后，在下方打一个双联结。

3. 穿入一颗扁形瓷珠。

4. 再打一个双联结，将扁形瓷珠固定。

5. 最后，在线尾端的两根线上各穿入一颗小瓷珠，即成。

若 素

　　繁华尽头，寻一处无人山谷，铺一条青石小路，与你晨钟暮鼓，凭它几多风雨，安之若素。

材料：两根不同颜色、长 70 cm 的 5 号线，一个钥匙圈。

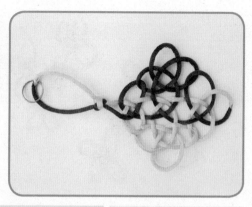

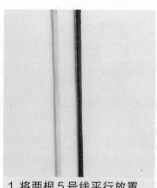

1. 将两根 5 号线平行放置，并用打火机将其烧黏在一起。

2. 用黏好的双色线编一个十全结。

3. 编好后，在十全结下方打一个双联结。

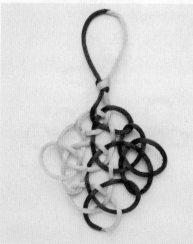

4. 将下方的线头剪至合适的长度后，用打火机将其烧连成一个圈。

5. 将编好的结倒置，在上端的线圈内穿入一个钥匙圈，即成。

如 意

见你所见，爱你所爱，顺心，如意，如此了却一生，当是至幸。

材料：一颗粉彩瓷珠，一个钥匙圈，一根 150 cm 长的 5 号线。

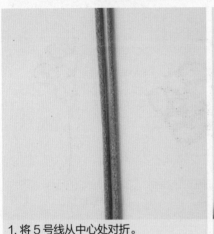

1. 将 5 号线从中心处对折。

2. 在对折处编一个酢浆草结。

3. 在编好的酢浆草结的左右两侧各编一个酢浆草结。

4. 以编好的三个酢浆草结作为耳翼，编一个大的酢浆草结。

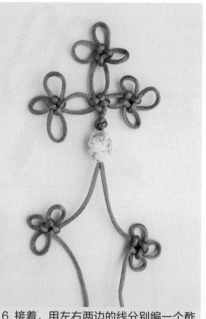

5. 编好后，打一个双联结，再穿入粉彩瓷珠。

6. 接着，用左右两边的线分别编一个酢浆草结。

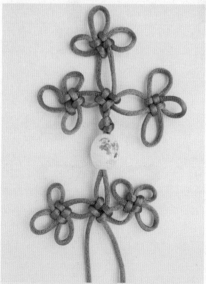

7. 再以编好的两个酢浆草结为耳翼，编一个大的酢浆草结。

8. 将编好的结倒置，剪去多余线头，用打火机将两条线尾烧黏成一个圈，最后穿入钥匙圈，即成。

望

人世几多沧桑，迷途上只身徘徊，不忍回头望，唯见落花散水旁。

材料：三颗大孔瓷珠，一根 50 cm 长的 4 号线。

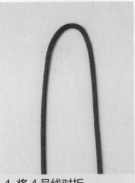

1. 将 4 号线对折。

2. 编一个万字结。

3. 穿入一颗瓷珠。

4. 再编一个万字结。

5. 在尾端的两根线上分别穿入一颗瓷珠，并打单结将其固定，即成。

风　沙

　　如果说风沙是我们栖息的家园，那么粗犷就是我们唯一的语言。

材料：四根蜡绳，一个钥匙圈。

1. 准备好材料，将三根蜡绳并排放置。

2. 将三根蜡绳穿过钥匙圈，使之对折，用剩余的一根蜡线在对折的蜡线上打平结。

3. 打好一段平结后，将对折的蜡线分成两组，用外侧那根单独的蜡线在其上打平结。

4. 一边打，一边将打好的结理顺、抽紧。

5. 编到合适的长度后，用外侧那根单独的蜡线在所有对折线上打平结，作为收尾。

6. 最后，将剩余的线修整剪齐，即成。

开运符

平安好运，抬头见喜，福彩满堂。

材料：一颗大扁瓷珠，两颗小圆瓷珠，一根200 cm长的5号夹金线。

1. 将5号夹金线对折，使其成两根。

2. 在对折处留出一小段后，打一个双联结。

3. 在双联结下方编一个三回盘长结，注意将结体抽紧。

4. 在盘长结下方，再打一个双联结。

5. 接着，穿入一颗大扁瓷珠。

6. 再打一个双联结，将大扁瓷珠固定。

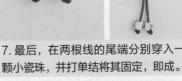

7. 最后，在两根线的尾端分别穿入一颗小瓷珠，并打单结将其固定，即成。

晚 霞

撒一片晚霞，网一段时光，留待你归时细细地赏。

材料：三颗瓷珠，一根 80 cm 长的 5 号线，一条挂绳。

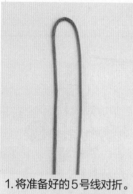

1.将准备好的 5 号线对折。

2.先编一个横藻井结，拉出耳翼。

3.然后穿入一颗瓷珠，并打一个双联结将其固定。

4.在两根线的尾端分别穿入一颗瓷珠，并打一个单结作为结尾固定。

5.将挂绳穿入顶端玉线，即成。

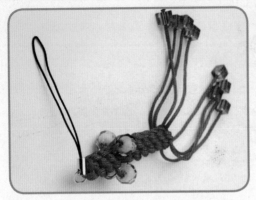

如 歌

　　青春将逝，让我们唱一首
祭奠青春的歌。

材料：两根 80 cm 长的玉线，
两对不同颜色的塑料串珠，八
颗方形塑料串珠，一条挂绳。

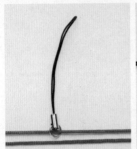

1.将挂绳穿入一根玉线。

2.在穿入的玉线上编圆
形玉米结。

3.编好一段玉米结后，将四
颗串珠分别穿入四根线内。

4.继续编玉米结，注意
要将结体收紧。

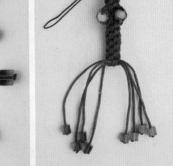

5.最后，将八颗方形串珠穿入八根线的尾端，即成。

香草山

既然一切都在流逝，就求你快来，我们在香草山上悠然生活。

材料：两根 60 cm 的玉线，一个金色花托，四颗金属珠，一条挂绳。

1.将挂绳穿入两根玉线中。

2.用两根玉线编圆形玉米结。

3.编至合适的长度后，将花托穿入四根线，扣在结体的末端。

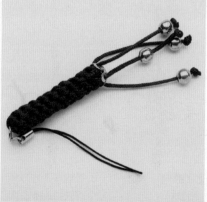

4.在四根线的尾端各穿入一颗金属珠，并打单结将其固定，即成。

今 天

　　我们只需过好每一个今天，不必怀着丰沛的心去期待明天。

材料：一条挂绳，一根100 cm长的5号线，一颗瓷珠。

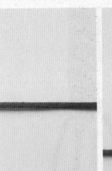

1. 准备好5号线。

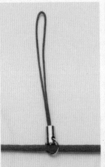

2. 将挂绳穿入5号线。

3. 在挂绳下方打一个双联结。

4. 在双联结下方编一个二回盘长结。

5. 编好后，穿入一颗瓷珠。

6. 在瓷珠下方打一个双联结，将瓷珠固定。

7. 最后，在两根线的尾端各打一个凤尾结，即成。

自 在

仰首是春，俯首是秋，一念花开，一念花落，无欲方能自在。

材料：一条挂绳，两根不同颜色的玉线，十二颗透明塑料珠。

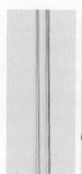

1. 准备好两根玉线。

2. 将挂绳穿入两根玉线中。

3. 用两根玉线编玉米结。

4. 编一段玉米结后，将四颗透明塑料珠分别穿入四根线中。

5. 继续编玉米结。

6. 编一段玉米结后，将四颗透明塑料珠分别穿入四根线中，再编一小段玉米结作为结尾。

7. 最后，在四根线的尾端穿入四颗透明塑料珠，即成。

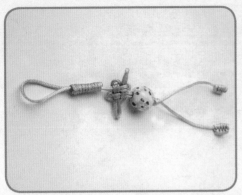

圆 满

要如何，我的一生才算圆满？唯愿那一日，我的墓前碑上刻着我的名字，你的姓氏。

材料：一颗软陶珠，两根 80 cm 长的玉线。

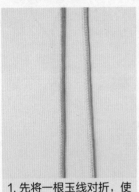

1. 先将一根玉线对折，使其成两根线。

2. 取另一根玉线，如图所示，在第一根玉线的对折处留出一小段后，打一段秘鲁结。

3. 在秘鲁结下方打一个吉祥结。

4. 在吉祥结下方穿入一颗软陶珠，并打一个双联结将陶珠固定。

5. 最后，在两根线的末端各打一个凤尾结，即成。

叮 当

　　每个人都幻想有一只叮当猫，帮自己实现各种奇妙的愿望。

材料：一条挂绳，一个龙虾扣，一根 80 cm 长的 6 号线，一个小铃铛。

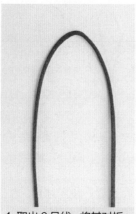

1. 取出 6 号线，将其对折。

2. 在对折处留出一小段后，开始编锁结。

3. 编至整体的一半长度时，将挂绳的龙虾扣扣在结上。

4. 将铃铛穿入右侧的线内，继续编锁结。

5. 编完另一半锁结后，将结体首尾相连。

6. 最后，将多余的线头剪去，烧黏即成。

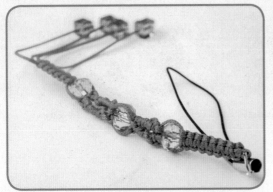

两离分

　　微雨轻燕双飞去，难舍难分驿桥边。

材料：三颗圆形塑料串珠，四颗方形串珠，一条挂绳，一根 60 cm 长的玉线，一根 120 cm 长的玉线。

1. 拿出准备好的两根玉线。

2. 将 60 cm 长的玉线对折，穿入挂绳。

3. 用 120 cm 长的玉线在 60 cm 长的玉线上打平结。

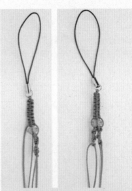

4. 打好一段平结后，在中心线上穿入一颗圆形串珠，将下方的四根线分成两组，分别打雀头结。

5. 打好一段雀头结后，在中心线上穿入一颗圆形串珠。

6. 将线分成两组，并分别打雀头结。

7. 打到合适长度后，再穿入一颗圆形串珠，然后继续打平结。

8. 最后，在四根线的尾端穿入四颗方形串珠，即成。

错 爱

也许是前世的姻，也许是来生的缘，却错在今生与你相见。

材料：四根不同颜色、长 60 cm 的 5 号线，一个招福猫挂坠，一条挂绳。

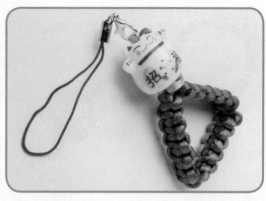

1. 准备好四根 5 号线。

2. 选一根 5 号线作为中心线，对折后，将招福猫挂坠穿入其中。

3. 再将挂绳穿入线的顶端。

4. 取另一根 5 号线，在中心线上打平结。

5. 打好一段平结后，剪去线头，烧黏。

6. 接着拿出另一根 5 号线继续打平结，编至同样长度。

7. 将第二个平结的线头剪去，烧黏。取第三根线继续打平结，编至同样长度。

8. 三段平结打好后，将中心线尾端的线缠在招福猫挂坠下方的线上，让三个平结形成一个三角形，最后，将线烧黏固定，即成。

情人扣

环环相扣，情意相浓，一生难离弃，不忍相背离。

材料：六根不同长度的玉线，两颗玛瑙珠，一条挂绳，一个龙虾扣。

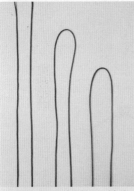

1. 取三根玉线对折，并分别作为中心线。

2. 用另外三根玉线分别在三根中心线上打平结。

3. 将编好的平结首尾相连，形成一个圈。

4. 按照步骤3的编法，编好第二个圈和第三个圈。

5. 在第一个圈的下方穿入一颗玛瑙珠，再将第二个圈连上。

6. 在第二个圈下方再穿入一颗玛瑙珠，接着将第三个圈连上。

7. 最后，将穿入龙虾扣的挂绳扣入第一个圈的上方，即成。

如莲的心

在尘世，守一颗如莲的心，清净，素雅，淡看一切浮华。

材料：一根 100 cm 长的玉线，两颗金色珠子，一个玉坠。

1. 将玉线对折。

2. 对折后，在中心处打一个双联结。

3. 接着，编一个二回盘长结。

4. 然后，再打一个双联结。

5. 在每根线上穿入一颗金珠，并打一个双联结将金珠固定。

6. 将玉坠穿入下方的线内，即成。

绿 珠

青山绿水间一路通幽，细雨霏霏处情意深浓。

材料：四颗玛瑙珠，两颗塑料珠，一根 100 cm 长的玉线。

1. 将准备好的玉线对折。

2. 在对折处留出一段后打一个双联结。

3. 在双联结下方编一个二回盘长结。

4. 再打一个双联结。

5. 穿入一颗玛瑙珠。

6. 打两个蛇结将玛瑙珠固定。

7. 再穿入一颗玛瑙珠。

8. 重复步骤6、步骤7，将四颗玛瑙珠穿完。

9. 最后，在两根线的末端各穿入一颗塑料珠，即成。

苦尽甘来

　　人生就像一杯茶，要相信，苦后自有甘来，苦后自有福报。

材料：一根 70 cm 长的璎珞线，一个招福猫挂坠，一条挂绳。

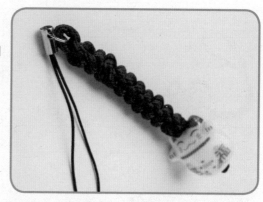

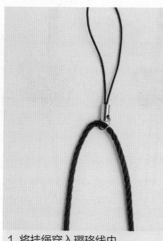

1. 将挂绳穿入璎珞线内。

2. 用璎珞线编锁结。

3. 编到合适长度后，穿入招福猫挂坠。

4. 最后，打一个单结将挂坠固定，即成。

初 衷

　　光阴偷走初衷，什么
也没留下，我只好在一段
时光里，怀念另一段时光。

材料：一根80 cm长的玉
线，一根五彩线，一个小
兔挂坠，两颗瓷珠。

1. 将玉线对
折，使其变
成两根线。

2. 在对折处留出一段后，
打一个双联结。

3. 在双联结下方编
一个团锦结，然后
将五彩线绕在团锦
结的耳翼上。

4. 在团锦结下方
打一个双联结。

5. 穿入小兔挂坠，并打一
个单结将挂坠固定。

6. 最后，在每根线的末端
穿入一颗瓷珠，并打单结
将瓷珠固定。

7. 将多余的线头剪去，用
打火机烧黏，即成。

禅 意

一花一世界，一叶一菩提，
一砂一极乐，一笑一尘缘。

材料：一根 60 cm 长的 5 号夹金
线，一颗大瓷珠，两颗小瓷珠，
一条挂绳。

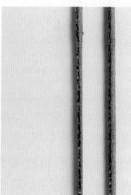

1. 将 5 号夹金线对折。

2. 将三颗瓷珠穿入线内，并按相应的位
置摆放好。

3. 编一个吉祥结，注意要将穿好的瓷珠
分别置于三个耳翼上，大瓷珠在中间，
小瓷珠在两边。

4. 剪去线头，用打火机烧黏成一个大小
合适的圈，并挂上挂绳，即成。

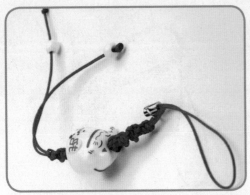

祈 喜

　　以一生心，发一生愿，为你祈一生欢喜。

材料：一个招福猫挂饰，两颗白色小瓷珠，一条挂绳，一个小铁环，一根 30 cm 长的玉线，一根 100 cm 长的玉线。

1. 先将两根玉线对折摆放。

2. 以中间两根线为中心线，用左右两侧的线在其上打单向平结。

3. 打一段单向平结后，穿入招福猫挂饰。

4. 继续打单向平结。

5. 打到与上面的单向平结等长时，将多余线头剪掉，用打火机烧黏。

6. 在两根中心线的尾端分别穿入一颗白色小瓷珠。

7. 最后，用小铁环将挂绳穿入顶部的线圈内，即成。

招福进宝

　　一只胖胖的小猫，左手招福，右手进宝，为您祈愿、纳财。

材料：三根不同颜色的玉线，长度分别为 120 cm、100 cm、80 cm，一个招福猫挂坠。

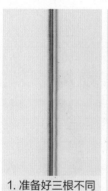

1. 准备好三根不同颜色的玉线。

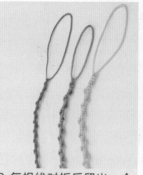

2. 每根线对折后留出一个圈，然后编雀头结，注意编结方向保持一致，这样可以编出螺旋状的结。

3. 将编好的三根线尾部的线穿入开头留出的线圈中，使其形成一个圈，并将三个圈按照大小相套。

4. 将招福猫挂坠穿入最小的圈内，使三圈相连，并留出两根尾线。

5. 最后，将两根尾线用打火机烧黏成一个圈，即成。

君子如玉

君子之道，淡而不厌，简而文，温而理。知远之近，知风之自，知微之显。

材料：一颗瓷珠，一根 150 cm 长的五彩线。

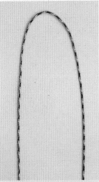

1. 将五彩线在中心处对折。

2. 将瓷珠穿入五彩线。

3. 在瓷珠下方编金刚结。

4. 编到合适的长度后，将尾线从瓷珠的孔内穿过。

5. 将步骤 4 中从瓷珠孔中穿出的两根线在之前的两根线上编单向平结。

6. 编到适当长度后，剪去线头，烧黏即成。

第十章

挂饰篇

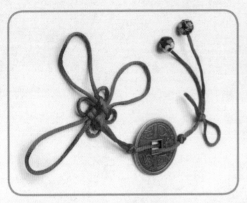

彼岸花

　　彼岸花开，花开彼岸，花开无叶，叶生无花，花叶生生相惜，永世不见。

材料：一根 80 cm 长的 5 号线，一枚铜钱，两颗景泰蓝珠。

1. 将 5 号线在中心处对折。

2. 编一个吉祥结。

3. 在吉祥结下方打一个双联结。

4. 在双联结的下方穿入铜钱。

5. 再打一个双联结将铜钱固定。

6. 然后编一个万字结。

7. 最后，在两根线的尾端各穿入一颗景泰蓝珠，即成。

云淡风轻

待我划倦舟归来，忘记许下的誓言，忘记曾经携手的人，自此相安无事，云淡风轻。

材料：四颗瓷珠，一根120 cm长的5号夹金线。

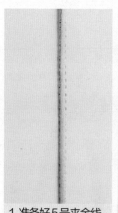

1. 准备好5号夹金线。

2. 将5号夹金线对折，在对折处留出一段后，打一个双联结。

3. 在双联结下方打一个藻井结。

4. 穿入一颗瓷珠。

5. 打一个团锦结，再穿入一颗瓷珠。

6. 再打一个藻井结。

7. 最后，在两根线的尾端各穿入一颗瓷珠，即成。

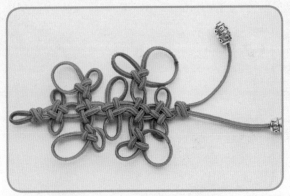

寿比南山

福如东海长流水,
寿比南山不老松。

材料:两颗藏银珠,一根 350 cm 长的扁线。

1. 准备好扁线。

2. 将扁线对折,在对折处留出一段后,打一个双联结。

3. 在双联结下方打一个酢浆草结。

4. 用左右两根线各编一个双环结。

5. 根据如意结的编法,在中间编一个大的酢浆草结。

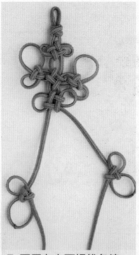

6. 在下方继续编一个酢浆草结。

7. 再用左右两根线各编一个双环结。

8. 再编一个大的酢浆草结，将左右两侧的双环结连在一起，然后在下方编一个酢浆草结。

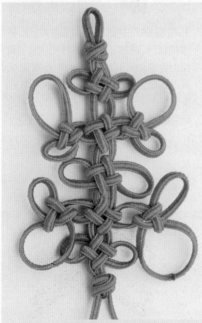

9. 再编一个双联结，将结体固定。

10. 最后，在每根线的末端穿上一颗藏银珠，即成。

鞭炮

爆竹声中一岁除，千门万户曈曈日，总把新桃换旧符。

材料：数根 100 cm 长的彩色 5 号线和金线，一根 150 cm 长的 5 号线。

1. 取两根 100 cm 长的红色 5 号线，编圆形玉米结。

2. 编好后，取一小段黄色 5 号线作为鞭炮芯编入结内，如有需要，可用胶水粘牢固定。

3. 在编好的鞭炮结体的上下两端分别缠上金线，一个鞭炮就做成了。重复上述步骤，做出多个不同颜色的鞭炮。

4. 取150 cm 长的 5 号线，编一个五回盘长结，作为串挂鞭炮的装饰。

5. 将编好的鞭炮穿入盘长结下方的线内，穿好一对鞭炮后，在下方打一个双联结固定。

6. 将所有编好的鞭炮穿好，一挂鞭炮就做成了。

红尘一梦

红尘一梦弹指间，回首看旧缘，始方觉，尘缘浅，相思弦易断。

材料：两颗粉彩瓷珠，一根 150 cm 长的 5 号线。

1. 在 5 号线的中心处将其对折。

2. 在对折处留出一段后，打一个双联结。

3. 在双联结下方编一个磬结。

4. 将结体抽紧后倒置，在磬结上方打一个双联结，并将两根线烧黏成一个圈。

5. 最后，将结体下部的线圈剪开，在两根线上分别穿入一颗粉彩瓷珠，烧黏固定，即成。

乐 事

　　雨打梨花深闭门，忘了青春，误了青春。赏心乐事谁共论？花下销魂，月下销魂。

材料：两根不同颜色的5号线，一颗瓷珠，一束流苏。

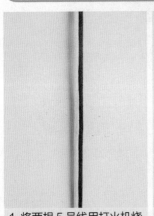

1. 将两根5号线用打火机烧黏在一起。

2. 打一个双联结。

3. 在双联结下方编一个复翼磬结。

4. 将磬结下方的线剪短，穿入瓷珠。

5. 将流苏穿入结体下方的线上，即成。

广寒宫

玉兔仙子犹抱月，
广寒宫中数盈缺。

材料：五根细铁丝，五
根长 50 cm、不同颜色
的 5 号线，一根 70 cm
长的 5 号线，一个玉兔
挂坠。

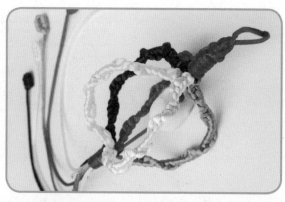

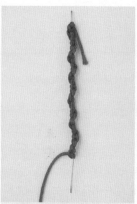

1. 取出一根 5 号线，在一
根铁丝上编斜卷结。

2. 在每根铁丝上都编上斜
卷结，注意结尾的线头不
要剪掉。

3. 将玉兔挂坠穿入 70 cm
长的 5 号线内，上下各打
一个单结固定。

4. 将绕好线的铁丝弯成弧形，用秘鲁结将弯好的铁丝绑
在一起，再将穿好的玉兔挂坠穿入中间。

5. 在五根线的尾端各打一
个凤尾结，即成。

祈 愿

　　如若今生再相见，哪怕流离百世，迷途千年，也愿，祝你平安。

材料：一颗椭圆形平安瓷珠，两颗粉彩瓷珠，一根150 cm 长的 5 号线。

1. 准备好 5 号线。

2. 用 5 号线编一个二回盘长结。

3. 在盘长结的下方打一个双联结。

4. 穿入一颗椭圆形平安瓷珠。

5. 再打一个双联结将瓷珠固定。

6. 最后，在两根线的尾端分别穿入一颗粉彩瓷珠，即成。